FORSCHUNGSBERICHTE DES LANDES NORDRHEIN-WESTFALEN

Nr. 1528

Herausgegeben

im Auftrage des Ministerpräsidenten Dr. Franz Meyers

von Staatssekretär Professor Dr. h. c. Dr. E. h. Leo Brandt

DK 621.791.947.5
621.791.753.9:546.264-31

Prof. Dr.-Ing. Alfred H. Henning †
Prof. Dr.-Ing. Karl Krekeler †
Dr.-Ing. Salil Kumar Pal
Dipl.-Ing. Hans Verhoeven

Institut für schweißtechnische Fertigungsverfahren
der Rhein.-Westf. Techn. Hochschule Aachen

Doppelkopfschweißen und Doppeldrahtschweißen nach dem Metall-Lichtbogen-Verfahren unter Verwendung von Kohlendioxyd als Schutzgas

WESTDEUTSCHER VERLAG · KÖLN UND OPLADEN 1966

ISBN 978-3-663-06243-1 ISBN 978-3-663-07156-3 (eBook)
DOI 10.1007/978-3-663-07156-3

Verlags-Nr. 011528

Gesamtherstellung: Westdeutscher Verlag

Vorwort

Durchgeführte Schweißversuche im Rahmen dieses Forschungsvorhabens wertete Herr Dr.-Ing. SALIL KUMAR PAL für seine Dissertation, TH Aachen 1962, aus. Das Thema der Promotionsarbeit lautet:

> Automatisches Schmelzschweißen von Stumpfstößen dickwandiger Kesselbleche nach dem Kohlendioxyd-Schutzgas-Schweißverfahren mit abschmelzender Elektrode in Wannenlage

Referent: Professor Dr.-Ing. A. H. HENNING

Korreferent: Professor Dr.-Ing. habil. K. KREKELER

Inhalt

1. Einleitung

Das Schweißen von Stahlblechen mit Kohlendioxyd als Schutzgas ist für viele Anwendungen anderen Schweißverfahren in fertigungstechnischer und wirtschaftlicher Hinsicht überlegen. Nach den bisherigen Erfahrungen ist zu erwarten, daß das Doppelkopf-Schweißen analog dem Unterpulver-Verfahren auch für das Kohlendioxyd-Verfahren mannigfache Vorteile aufweist. Das Verbindungs-Schweißen unter Kohlendioxyd als Schutzgas findet bei Kohlenstoffstählen mit Blechdicken von 20 mm und mehr industriell wenig Anwendung; die schnelle Wärmeableitung während des Schweißens bedingt viele Schwierigkeiten. Die auftretende hohe Abkühlungsgeschwindigkeit kann Warmrisse im Schweißgut verursachen; das Schweißen von unlegierten Stählen mit Blechdicken von mehr als 40 mm ist bei den üblichen Schweißbedingungen mit ihren in der Industrie zulässigen und geforderten Toleranzen nicht mehr erfolgreich durchführbar.

Beim Schweißen ist die Abkühlungsgeschwindigkeit des Schweißgutes und der Übergangszone zur Vermeidung von Rissen der Höhe nach begrenzt. Die Schweißbedingungen sind bei jeder Schweißaufgabe hierauf abzustimmen, um einwandfreie Nähte mit ausreichenden mechanischen Gütewerten zu gewährleisten. Bei dickeren Blechen, die eine hohe Wärmeableitung verursachen, muß die Abkühlungsgeschwindigkeit durch geeignete Maßnahmen auf zulässige Höchstwerte herabgesetzt werden. Diese Verzögerung kann in der Praxis auf zwei Wegen bewirkt werden und zwar durch das Vorwärmen der Stoßkanten oder durch Wiedererwärmung des Schweißnahtbereiches mit Hilfe der Lichtbogenwärme eines zweiten Schweißkopfes. Eine kombinierte Anwendung beider Methoden lassen ein Optimum hinsichtlich der Wärmedosierung erwarten; wirtschaftliche Gesichtspunkte stehen dem Einsatz entgegen.

Beim Doppelkopf-Schweißverfahren unter Verwendung von Kohlendioxyd als Schutzgas ergibt sich analog dem Doppelkopfschweißen beim Unterpulver-Verfahren als wesentlicher wirtschaftlicher Vorteil die Erhöhung der Abschmelzleistung und damit die Verkürzung der gesamten Schweißzeit gegenüber der Eindrahtschweißung.

2. Gang der Untersuchungen

In der vorliegenden Arbeit sind die Abkühlungsverhältnisse und ihre Einflüsse auf die mechanischen Gütewerte der Schweißverbindung beim Schmelzschweißen von Stumpfstößen dickwandiger Bleche zu untersuchen. Die Versuche werden mit dem Metall-Lichtbogen-Verfahren unter Verwendung von Kohlendioxyd als Schutzgas bei gleichzeitigem Schweißen mit zwei Schweißköpfen durchgeführt. Das Schweißen erfolgt mechanisch in Wannenlage.
Am ersten Kopf wird stets eine Blankdrahtelektrode mit einem Durchmesser von 3,0 mm und am zweiten Kopf werden Blankdrähte und Falzdrähte verwendet. Als Blankdrahtelektroden werden verschiedene Möglichkeiten (1×4,0 mm ∅, 2×3,0 mm ∅ und 2×2,4 mm ∅ – Eindraht- und Doppeldrahtschweißung) und als Falzdraht wird eine Möglichkeit (2×3,2 mm ∅-Eindrahtschweißung) gewählt. Die Schweißbedingungen der beiden Köpfe werden durch Registrieren ermittelt und festgehalten. Das Messen der Temperaturen in der Nähe der Schweißnaht erfolgt durch die Thermoelemente. Die hergestellten Schweißnähte werden durch metallographische und mechanische Untersuchungen geprüft. Die Abkühlungsverhältnisse während des Schweißens sind bei den optimalen Schweißbedingungen ermittelt; ihr Einfluß auf die mechanischen Gütewerte der Schweißverbindung ist herausgestellt. Ferner ist der Einfluß der Schweißbedingungen auf die Abschmelzleistung und auf den Abschmelzkoeffizienten, die die Wirtschaftlichkeit des Doppelkopf-Schweißverfahrens bestimmen, ermittelt.

3. Versuchseinrichtung

3.1 Schweißanlage

Die Probestücke haben Mindestabmessungen von 350 mm × 1000 mm; die Blechdicke beträgt 38 mm. Diese Abmessungen gewährleisten die in der Industrie vorliegenden Verhältnisse theoretisch unbegrenzt großer Werkstücke.
Die Versuchsproben werden mit zwei handelsüblichen Schweißautomaten verschweißt, deren Schweißköpfe und Steuereinheiten für diesen Zweck auf einem Fahrgestell aufgebaut sind.

Abb. 1 A = Schweißautomat A
B = Schweißautomat B
K_A = Erster Schweißkopf mit Drahtvorschubeinrichtung
K_B = Zweiter Schweißkopf mit Drahtvorschubeinrichtung

Da ein elektrisches Gleichgewicht während des Doppelkopfschweißens bei verschiedenen Schweißparametern nur bei gegenseitiger Isolierung der Schweißköpfe erzielt werden kann, werden die Schweißversuche mit getrennten Stromquellen und getrennter Stromregulierung durchgeführt. Als Stromquelle des ersten Kopfes werden zwei parallel geschaltete Gleichrichter verwendet; ein Umformer speist den zweiten Schweißkopf.

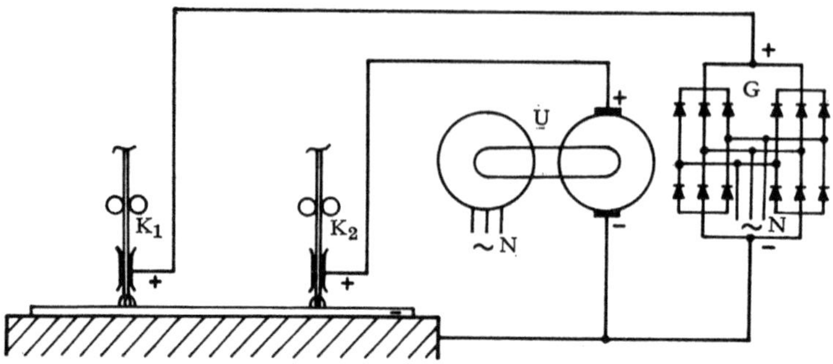

Abb. 2 Stromversorgung der Versuchs-Schweißanlage (schematische Darstellung)

N = Netzanschluß
G = Gleichrichter für den ersten Kopf
U = Umformer für den zweiten Kopf
K_1 = Erster Schweißkopf
K_2 = Zweiter Schweißkopf

3.1.1 *Schweißköpfe*

Die Schweißköpfe bestehen aus: Drahtrichtvorrichtung, Drahtvorschubeinrichtung, Kontaktrohr und Schutzgasdüse. Kontaktrohr und Schutzgasdüse sind

Abb. 3 Anordnung der Schweißköpfe und der Drahtspulen

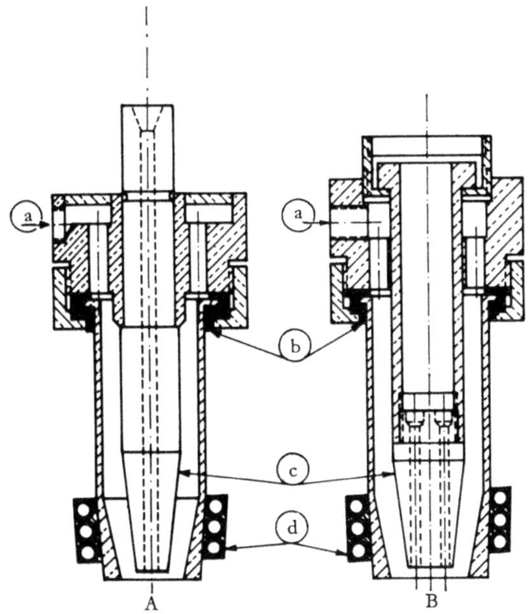

Abb. 4 Schutzgasdüsen der Schweißköpfe
A = Schutzgasdüse des ersten Schweißkopfes
B = Schutzgasdüse des zweiten Schweißkopfes
a = Schutzgaszufuhr
b = Isolierung
c = Wechselbare Kontaktspitze
d = Kühlschlange, durch Hartlot mit der Düse verbunden

gegeneinander isoliert, wodurch ein Zünden des Lichtbogens zwischen Düse und Werkstück vermieden wird. Zwei bzw. drei Drahtspulen – eine für den ersten Kopf und eine bzw. zwei für den zweiten Kopf –, die über den Schweißköpfen angebracht sind, liefern den Zusatzwerkstoff. Die Drähte des zweiten Kopfes sind für das Doppeldrahtschweißen.

Der erste Kopf ist auf dem Gestell des zweiten Kopfes befestigt; die Düsenhöhe und der Düsenwinkel können durch entsprechende Zusatzeinrichtungen verstellt werden. Die ausgeführte Konstruktion dieser Befestigung ermöglicht ferner eine beliebige Änderung des Kopfabstandes zwischen 200 mm und 500 mm.

3.1.2 Steuerungen

Beim ersten Schweißkopf wird die Lichtbogenspannung durch gleichbleibenden Drahtvorschub konstant gehalten. Die Drehzahl des Drahtvorschubmotors ist durch Spannungsregelung von Hand einstellbar. Für den ersten Kopf ist diese Steuerung ausreichend, da das Ändern der Schweißbedingungen während des Schweißvorganges für diese Versuche nicht erforderlich ist.

Beim zweiten Automaten erfolgt die Regulierung auf konstante Lichtbogenspannung durch die Spannungsänderung des Gleichstrommotors, der die Drahtvorschubrollen antreibt. Der Gleichstrommotor wird durch den Gleichstromgenerator eines Leonardantriebes gespeist, der von der Lichtbogenspannung gesteuert wird. Es erfolgt somit die Regelung bei diesem Schweißautomaten durch die Lichtbogenspannung selbst. Das erforderliche Ändern und das genaue Einstellen der Schweißbedingungen sind hierdurch für den zweiten Kopf während des Schweißens ermöglicht (s. »Versuchsdurchführung«).

3.1.3 Stromquellen

Für mechanisiertes Lichtbogenschweißen ist die Einhaltung einer konstanten Lichtbogenspannung während des Schweißens nahezu unumgänglich notwendig. Dieses wird durch Auswahl von Stromquellen mit entsprechenden äußeren Kennlinien erreicht. Für den ersten Kopf werden zwei parallel geschaltete Gleichrichter mit einer Leerlaufspannung von 75 V verwendet, die bei einem 60%

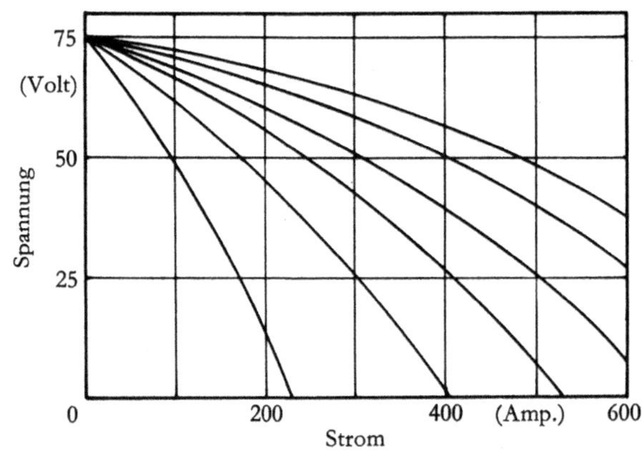

Abb. 5 Äußere Kennlinien eines verwendeten Gleichrichters

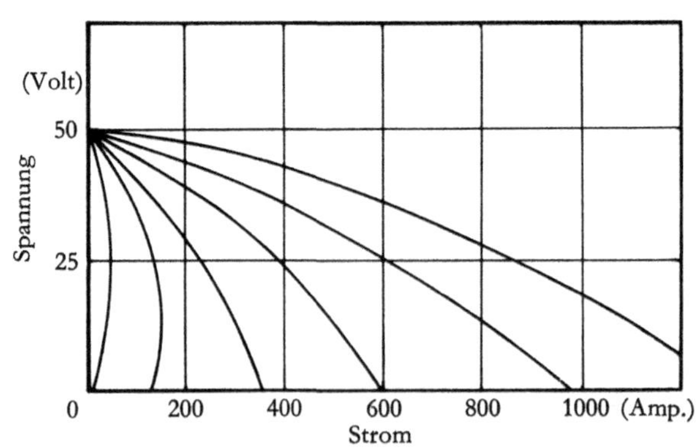

Abb. 6 Äußere Kennlinien des verwendeten Umformers

Dauerbetrieb insgesamt 800 A (je 400 A) bei einer Klemmenspannung von 40 V liefern. Für den zweiten Kopf wird als Stromquelle ein Umformer eingesetzt. Der Umformer hat eine Leerlaufspannung von 50 V. Die für den Dauerbetrieb verwendbare maximale Belastung des Umformers beträgt 1000 A bei 37,5 V Klemmenspannung.

3.2 Werkstoffe

3.2.1 Grundwerkstoff

Die Untersuchungen werden an Blechen der Qualität HII mit einer Blechdicke von 38 mm durchgeführt. Die Festigkeitseigenschaften dieses Bleches nach DIN 17155 sowie aus eigenen Untersuchungen sind nachstehend aufgeführt:

	σ_B [kp/mm²]	σ_S [kp/mm²]	α_K (20° C) [mkp/cm²]	Faltversuch [Biegewinkel ohne Anriß]
Nach DIN 17155 [Sollwert]	41–50	25	7	180°
Nach eigenen Untersuchungen [Istwert]	46	30,5	10,5	180°

Die chemischen Analysen weisen an Werten auf:

	C	Si	Mn	P	S
Nach DIN 17155 [Richtanalyse]	$\leqq$ 0,20	$\leqq$ 0,35	$\geqq$ 0,50	< 0,05	< 0,05
Nach eigenen Untersuchungen [Istanalyse]	0,16	0,32	0,62	0,030	0,027

Die Vorbereitung der Stoßkanten erfolgt durch einfachen mechanisierten Brennschnitt. Aus wirtschaftlichen Erwägungen stehen an Nahtformen zur Wahl: x-, y-, oder v-Naht. Für diese Versuche kommt die Doppel-Y-Naht zur Ausführung. Einzelheiten der Stoßkantenvorbereitung werden im Kapitel »Versuchsdurchführung« näher erläutert.

3.2.2 Zusatzwerkstoff

Als Elektrodenwerkstoff werden verkupferte blanke Zusatzdrähte mit den Durchmessern: 2,4 mm, 3,0 mm und 4,0 mm verwendet, die der gleichen Charge entnommen sind. Einzelne Schweißversuche werden mit Falzdraht des Durchmessers 3,2 mm durchgeführt.
Von besonderer Bedeutung für das Schweißen unter Kohlendioxyd als Schutzgas ist die chemische Zusammensetzung der Elektrodenwerkstoffe. Die oxydierende

Wirkung des dissoziierten Kohlendioxyds macht das Zulegieren entsprechender Desoxydationsmittel im Zusatzwerkstoff erforderlich. Für das Schweißen unlegierter oder niedrig legierter Stähle ist das Zulegieren von Silizium und Mangan erfahrungsgemäß empfehlenswert.

Die Festigkeitseigenschaften der reinen Zusatzwerkstoffe, die nach DIN 1913 ermittelt worden sind, weisen nachfolgende Werte auf:

	σ_B [kp/mm²]	σ_S [kp/mm²]	α_K (18° C) [mkp/cm²]	Faltversuch [Biegewinkel ohne Anriß]
Blankdrahtelektrode	56	46	12	180°
Falzdrahtelektrode	52	41	11	180°

Die chemische Zusammensetzung des Blankdrahtes nach eigenen Untersuchungen ist:

	C	Mn	Si	P	S
	0,11%	1,45%	0,99%	0,02%	0,02%

Auf das Analysieren des Falzdrahtes wird wegen der schwierigen Durchführung (Falzdraht/Pulver) verzichtet.

Nach Angaben des Herstellers ist der Falzdraht für das Kohlendioxyd-Schutzgas-Schweißen für folgende Stähle gut geeignet:

Baustahl	St. 34 — St. 52; St. 50
Schiffbaustahl	SI–SIII
Rohrstahl	St. 35.8; St. 35.29; St. 45.29
Kesselblech	I–II; HI–HIV; 17 Mn 4

3.3 Schutzgas

Das zum Schweißen verwendete Kohlendioxyd muß einen hohen Reinheitsgrad besitzen. Auf dem Markt ist ein technisch reines Kohlendioxyd mit einem Reinheitsgrad von 99,9 Vol.-% erhältlich, das auch für diese Versuche als Schutzgas verwendet wird.

Das Kohlendioxyd gelangt handelsüblich im flüssigen Zustand in Stahldruckflaschen zur Auslieferung. Eine gleichmäßige ungestörte Gasströmung wird durch Vorschalten eines Heizelements gewährleistet, wodurch ein eventuelles Einfrieren der Armatur infolge der Verdampfung und der Expansion unterbunden wird. Die Gasaustrittsdüse wird in Anlehnung an bewährte Düsenformen ausgebildet. Mit Rücksicht auf die gute Wärmeleitfähigkeit wird die Düse aus einer Kupferlegierung gefertigt. Die erforderliche Wärmeabfuhr ist durch eine Wasserkühlung gegeben. Für die verschiedenen Drahtdurchmesser sowie für Einzel- und Doppeldraht-Schweißen kommen auswechselbare Kontaktrohre zur Anwendung (s. Abb. 4).

3.4 Das Registrieren der Schweißbedingungen

Für das Auswerten der Versuchsergebnisse ist es erforderlich, die Schweißbedingungen und die Spannungen der Thermoelemente (Temperaturmessungen) während des Schweißens mit ausreichender Genauigkeit zu registrieren. Bei den Versuchen werden Stromstärken, Lichtbogenspannungen, Drahtvorschubgeschwindigkeiten der zwei Schweißköpfe sowie die Schweißgeschwindigkeit und die Thermospannungen mit Hilfe von zwei Schreibern registriert.
Das Messen der Lichtbogenspannungen erfolgt durch Abgriff nahe dem Lichtbogen. Die Stromstärke wird indirekt durch den Spannungsabfall eines Shunts im Schweißstromkreis gemessen; die durch den unruhigen Lichtbogen erzeugten Spannungsschwankungen werden durch ein Integrierlied gedämpft, um Schwierigkeiten beim Auswerten der Schweißbedingungen zu umgehen. Die Drahtvorschubgeschwindigkeiten und die Schweißgeschwindigkeit werden durch Abgriff einer Fremdspannung an einer Kontaktleiste registriert; wegabhängige Unterbrechungen an dieser Kontaktleiste ergeben hierfür auswertbare Impulse. Das Messen von Temperaturen folgt durch das Registrieren der Thermospannungen, die von Thermoelementpaarungen NiCr—Ni abgegeben werden. Der Papiervorschub der beiden Registiergeräte ist bei allen Versuchen 12 cm/min. Für die Synchronisation des Papiervorschubes wird die Schweißgeschwindigkeit auf beiden Schreibern aufgenommen.
Um eine möglichst gute Reproduzierbarkeit bei den Versuchen zu gewährleisten, werden die Registriereinrichtungen und Hilfsmittel kritisch bewertet. Die Fehlergrenze beim Registrieren der Lichtbogenspannung und Schweißstromstärke liegt bei max. $\pm$ 5%.

4. Versuchsdurchführung

Das Ziel dieser Untersuchungen ist das Auffinden der Schweißbedingungen, die günstige Abkühlungsverhältnisse zur Herstellung einwandfreier Verbindungsnähte dickwandiger Bleche gewährleisten. Die mechanischen Gütewerte sowie die Gefügeausbildung der Schweißnahtzone sind weitgehend von der chemischen Zusammensetzung des Grund- und Zusatzwerkstoffes sowie den Abkühlungsverhältnissen während des Schweißens abhängig. Für eine gute Schweißverbindung ist Voraussetzung, daß die mechanischen Gütewerte der Schweißzone und der wärmebeeinflußten Zone die gleichen Werte wie die des Grundwerkstoffs erreichen.

4.1 Ermittlung der Schweißbedingungen

Bei dem hier untersuchten Schweißverfahren unter Verwendung von Kohlendioxyd als Schutzgas wird ein gleichmäßiges Abschmelzen der Elektrode erreicht, wenn diese am Pluspol liegt; der ungestörte Materialübergang während des Schweißens unterbindet die Poren und Schlackenbildung.
Der Bereich der Schweißbedingungen, mit denen Nähte guter Qualität hergestellt werden können, ist im Vergleich zu anderen mechanisierten Verfahren relativ gering. Eine zu niedrige Lichtbogenspannung sowie ein zu geringer Schweißstrom verursachen einen unruhigen Lichtbogen; eine zu hohe Lichtbogenspannung ergibt starke Spritzerbildung. Bei einer höheren Schweißstromstärke und bei einer niedrigeren Schweißgeschwindigkeit läuft das Schmelzbad unerwünscht vor, was ein unregelmäßiges Brennen des Lichtbogens verursacht. Bei der hier durchgeführten Doppelkopf-Schweißmethode würde mit zunehmender Schweißgeschwindigkeit eine wachsende Neigung zur Rißbildung im Schweißgut des ersten Kopfes beobachtet. Die obere Grenze der Vorschubgeschwindigkeit, bei der keine Risse auftreten, liegt bei den hier verwendeten Blechdicken von 38 mm bei etwa

$$V_{Sch} = 270 \text{ mm/min.}$$

Die Ursache der Rißbildung ist die hohe Abkühlungsgeschwindigkeit, die durch das Vorwärmen der Stoßkanten verringert werden kann. Die Vorwärmung auf 150°C ermöglicht eine Erhöhung der Vorschubgeschwindigkeit bis auf

$$V_{Sch} = 310 \text{ mm/min.}$$

Eine höhere Vorwärmtemperatur wurde bei diesen Untersuchungen nicht angewendet, da dem damit erzielten Vorteil einer weiteren Steigerung der Vorschubgeschwindigkeit bei entsprechenden Schweißbedingungen eine erhöhte Lagenzahl als unwirtschaftliches Moment gegenübersteht.
Die Stoßkanten werden mittels Brennschnitt entsprechend den Ergebnissen der Vorversuche wie folgt vorbereitet:

Doppel-Y-Naht	
Öffnungswinkel	$\alpha = 45° \pm 4°$
Steghöhe	c = 5–7 mm
Spaltbreite	b = 0–1,2 mm

Eine geringere Steghöhe als 6 mm und eine größere Spaltbreite als 1,0 mm haben leicht ein Durchschmelzen (Durchfallen des Bades) zur Folge.
Zur Erzielung einer fehlerfreien Wurzelnaht wird nach dem Schweißen der ersten Lage diese von der Gegenseite ausgeschliffen. Für industrielle Anwendung erfolgt das Auskreuzen (Ausschleifen) der Nahtwurzel aus fertigungstechnischen und wirtschaftlichen Erwägungen vornehmlich durch das Fugenhobeln.
Für das Schweißen einer einwandfreien Verbindung sind nachfolgende Nahtvorbereitungen und Stellgrößen zu empfehlen:

Doppel-Y-Naht	
Öffnungswinkel	$\alpha = 45° \pm 5°$
Steghöhe	c = 6 mm
Spaltbreite	b = 0–0,5 mm
Auskreuzen der Wurzellage	
Düseneinstellwinkel	95°
freies Drahtende	35 mm
Schutzgasmenge	17,0 l/min

Als Grenzwerte für die Lichtbogenspannung und die Schweißstromstärke am ersten Kopf sind ermittelt:

$$U = 30\text{–}38 \text{ V}$$
$$I = 500\text{–}700 \text{ A}$$

Die sich ergebende Stromdichte beträgt somit:

$$S = 71\text{–}99 \text{ A/mm}^2$$

Gute Lichtbogenverhältnisse liegen vor bei:

Lichtbogenspannung	U = 32–36 V
Schweißstromstärke	I = 550–650 A
Stromdichte	$S = 78\text{–}92 \text{ A/mm}^2$

Das Schweißen mit dem zweiten Kopf erfolgt sowohl für das Eindrahtschweißen als auch für das Doppeldrahtschweißen mit verschiedenen Schweißdaten. Bei den Doppeldrahtschweißversuchen werden zwei Zusatzdrähte gleicher Abmessungen parallel in den Lichtbogen eingeführt; der Mittenabstand der Metallelektroden beträgt bei allen Versuchen 9 mm.
Die Einstellwerte des zweiten Kopfes sind durch Vorversuche ermittelt; sie bleiben bei allen Versuchen unverändert und betragen:

Düseneinstellwinkel	95°
Länge des freien Drahtendes	40 mm
Schutzgasmenge	20 l/min

Das Schweißen mit dem zweiten Kopf bereitet keine wesentlichen Schwierigkeiten, da die Probe durch die aus dem ersten Kopf geschweißte Naht vorgewärmt ist.
Allgemein kann gesagt werden, daß bei allen mit verschiedenen Drahtstärken durchgeführten Versuchen folgende Spannungs- bzw. Strombereiche gute Lichtbogenverhältnisse ergeben:

$$U = 30\text{–}36 \text{ V}$$
$$I \;\; 600\text{–}900 \text{ A}$$

Für den Spannungsbereich gilt, daß bei einer Spannung von 36 V die höhere Stromstärke erforderlich ist.
Die günstigen Schweißbedingungen für den zweiten Kopf bei den verschiedenen Ausführungsmöglichkeiten sind in der nachfolgenden Tabelle aufgeführt:

Anordnung der Elektroden	Lichtbogenspannung [V]	Schweißstromstärke [A]	Stromdichte [A/mm²]
1×4,0 mm ⌀ Blankdrahtelektrode	30–36 V	750 A	60 A/mm²
2×3,0 mm ⌀ Blankdrahtelektrode	30–36 V	900 A	64 A/mm²
2×2,4 mm ⌀ Blankdrahtelektrode	30–36 V	800 A	89 A/mm²
2×3,2 mm ⌀ Falzdrahtelektrode	30–36 V	750 A	—

Es muß noch erwähnt werden, daß eine höhere Lichtbogenspannung bis zu 40 V einen relativ unruhigen Lichtbogen ergibt, der jedoch keine wesentliche Verschlechterung der mechanischen Gütewerte der Schweißverbindung zur Folge hat.

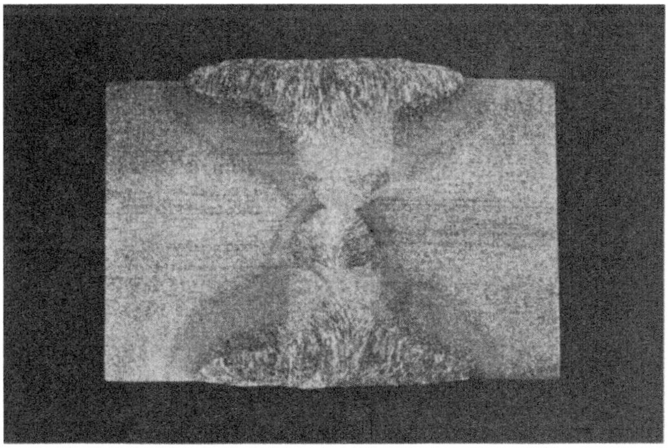

Abb. 7 Makroschliff einer Naht mit 1×4 mm ∅ Metallelektrode des zweiten Kopfes

	Obere Lage	Untere Lage
	1. Kopf	1. Kopf
Lichtbogenspannung	32 V	30 V
Schweißstromstärke	700 A	670 A
Draht-∅	1×3 mm	1×3 mm
	2. Kopf	2. Kopf
Lichtbogenspannung	37 V	36 V
Schweißstromstärke	710 A	760 A
Draht-∅	1×4 mm	1×4 mm
Kopfabstand	300 mm	300 mm
Schweißvorschubgeschwindigkeit	230 mm/min	230 mm/min
Arbeitstemperatur	150° C	150° C

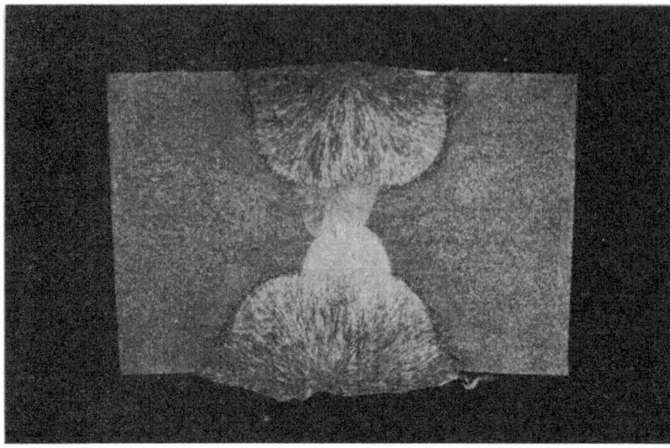

Abb. 8 Makroschliff einer Naht mit 2×3 mm ⌀ Metallelektroden des zweiten Kopfes

	Obere Lage	Untere Lage
	1. Kopf	1. Kopf
Lichtbogenspannung	32 V	32 V
Schweißstromstärke	550 A	550 A
Draht-⌀	1×3 mm	1×3 mm
	2. Kopf	2. Kopf
Lichtbogenspannung	34 V	34 V
Schweißstromstärke	850 A	850 A
Draht-⌀	2×3 mm	2×3 mm
Kopfabstand	300 mm	300 mm
Schweißvorschubgeschwindigkeit	300 mm/min	300 mm/min
Arbeitstemperatur	150° C	150° C

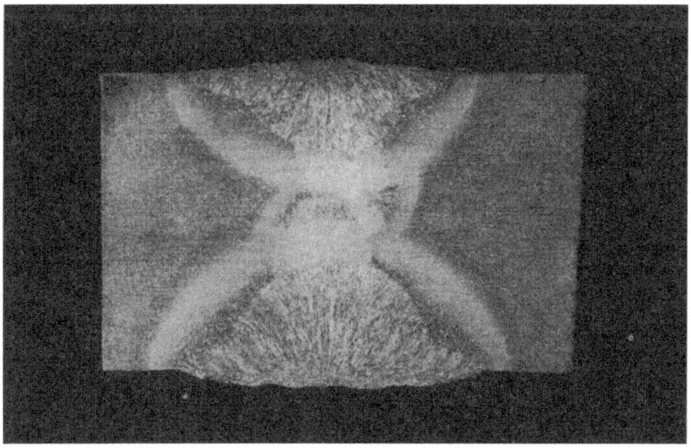

Abb. 9 Makroschliff einer Naht mit 2×2,4 mm ⌀ Metallelektroden des zweiten Kopfes

	Obere Lage	Untere Lage
	1. Kopf	1. Kopf
Lichtbogenspannung	36 V	34 V
Schweißstromstärke	640 A	590 A
Draht-⌀	1×3 mm	1×3 mm
	2. Kopf	2. Kopf
Lichtbogenspannung	35 V	36 V
Schweißstromstärke	760 A	840 A
Draht-⌀	2×2,4 mm	2×2,4 mm
Kopfabstand	400 mm	400 mm
Schweißvorschubgeschwindigkeit	240 mm/min	240 mm/min
Arbeitstemperatur	150°C	150°C

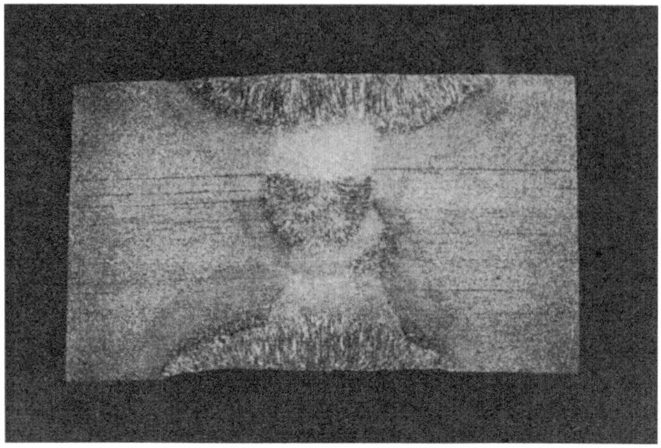

Abb. 10 Makroschliff einer Naht mit 2×3,2 mm ⌀ Falzdraht-Metallelektroden des zweiten Kopfes

	Obere Lage	Untere Lage
	1. Kopf	1. Kopf
Lichtbogenspannung	33 V	33 V
Schweißstromstärke	630 A	600 A
Draht-⌀	1×3 mm	1×3 mm
	2. Kopf	2. Kopf
Lichtbogenspannung	36 V	36 V
Schweißstromstärke	630 A	650 A
Draht-⌀	2×3,2 mm	2×3,2 mm
Kopfabstand	300 mm	300 mm
Schweißvorschubgeschwindigkeit	200 mm/min	200 mm/min
Arbeitstemperatur	150°C	150°C

4.2 Das Messen der Temperaturen

Auf Grund der ausreichenden Genauigkeit werden die Temperaturen, wie erwähnt, mit Thermoelementen gemessen. Die NiCr—Ni-Elemente werden durch ein Keramikrohr in eine Dreimillimeter-Bohrung in die Gegenlage der Naht eingeführt. Beide Elemente, die als Warmlötstelle der Thermokreise wirken, sind mit Hilfe einer Kondensator-Entladung am Fußpunkt der Bohrung eingepunktet. Diese gepunkteten Stellen sind 20 bis 23 mm von der Blechoberfläche entfernt. Die Kaltlötstellen sind in einem mit destilliertem Wasser (20° C) gefüllten Becher eingetaucht. Sie tragen gleichzeitig die Anschlüsse zu den Meßgeräten, die die Thermospannung registrieren. Die Durchmesser der Bohrungen und die Länge der Thermoelemente sind bei allen Versuchen gleich gehalten, damit die auftretenden geringen Meßfehler stets konstant bleiben. Die Probengröße ergibt über eine genügende Länge der Schweißnaht konstante Temperaturverhältnisse, so daß ein gleichbleibendes Temperaturfeld sich mit der jeweiligen Schweißgeschwindigkeit fortbewegt.

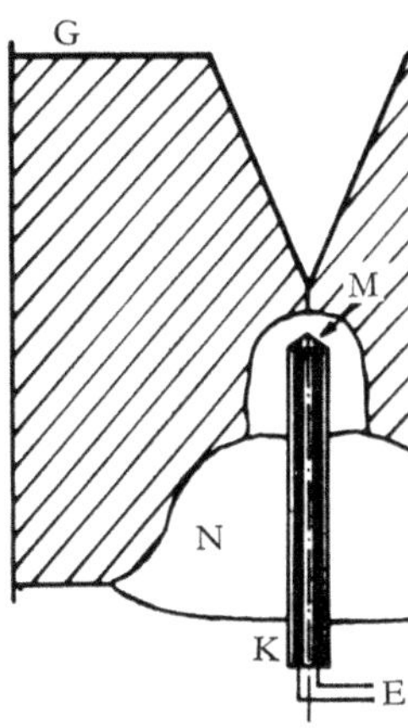

Abb. 11 Anordnung der Thermoelemente (schematische Darstellung)

Bei den Versuchen, die mit drei verschiedenen Bedingungen innerhalb einer Nahtlänge von 1000 mm durchgeführt werden, sind sechs Elementpaare verwendet und zwar jeweils zwei Paare in einem Bereich der Naht, innerhalb dessen die Schweißbedingungen konstant sind. Das erste Paar bei jeder der drei Proben ist auf gleicher Höhe eingesetzt. Da durch den tiefen Einbrand das erste Paar bei irgendeiner Probe weggeschmolzen werden kann, wird das zweite Paar bei jeder Probe 1–2 mm tiefer eingesetzt. Die sechs Thermoelementpaare werden durch Kabel gleicher Länge zunächst an eine Umschalteinheit angeschlossen, die das selbsttätige Umschalten in nachstehender Reihenfolge ermöglicht:
Einschalten der ersten Elementpaare, Einschalten der zweiten Elementpaare und Ausschalten der Thermokreise.

Von der Umschalteinheit werden drei Kabelpaare in drei geeichte Kanäle eines Schreibers geführt, mit Hilfe derer die Thermospannungen registriert werden. Die Temperaturen bei den entsprechenden Thermospannungen der Elementpaarung NiCr—Ni werden nach DIN 43710 mit der Bezugstemperatur von 20° C ausgewertet.

4.3 Kritische Beurteilung der Meßergebnisse

Mit der Thermoelementpaarung NiCr—Ni ist eine direkte Messung der Thermospannung des Schmelzbades nicht möglich, da die Badtemperatur höher als die Schmelztemperatur der Elementmetalle ist. Für die hier durchgeführten Untersuchungen sind nur die Temperaturänderungen pro Zeiteinheit an einer gleichen Stelle in der Nähe der Schweißnahtzone von Interesse und nicht die absoluten Werte der Temperaturen, so daß diese Meßmethode ausreicht. Meßungenauigkeiten ergeben sich dadurch, daß die Meßelemente bei allen Proben nicht an entsprechend gleichen Stellen angebracht werden können, da kleine Versetzungen durch das Bohren und beim Einpunkten unvermeidlich sind.
Durch den nachfolgenden Versuch wird erwiesen, daß diese Versetzungen keine nennenswerten Einflüsse auf die hier interessierenden Abkühlungsverhältnisse haben.

Der Temperaturverlauf während der Erhitzung der Meßstelle durch den ersten Lichtbogen ist hierbei unwichtig. Infolgedessen ist nur die Abkühlung berücksichtigt, nachdem der erste Schweißkopf die Meßstelle überfahren hat.
Der Temperaturverlauf wird aus zwei Meßstellen, die bei einer Probe 20 mm (Meßstelle A) und 22 mm (Meßstelle B) von der Blechoberfläche entfernt sind, registriert und verglichen (Abb. 13).

Die Meßorte kühlen sich auf eine Temperatur von 210° C, ehe der zweite Lichtbogen in den Bereich der Thermoelemente kommt. Die eingebrachte Wärmeenergie des zweiten Kopfes verursacht einen Temperaturanstieg auf 515° C an der ersten bzw. 480° C an der zweiten Meßstelle. Bei einer Versetzung der Thermoelemente von 2 mm wird ein maximaler Temperaturunterschied von 35° C beobachtet. In fünf Minuten sinken die Temperaturen der beiden Meßorte auf einen Wert von 185° C. Der Temperaturunterschied durch eine hier auftretende Versetzung von 0,5 mm ist für diese Versuche unwesentlich (Rykalin).

Nicht nur der Temperaturverlauf (Abb. 13), sondern auch die Ermittlung der Abkühlungsgeschwindigkeit ist hier von Bedeutung. Eine graphische Lösung der durchschnittlichen Abkühlung pro Zeiteinheit in bestimmten Zeiten t ergibt die Abkühlungsgeschwindigkeit dT/dt bzw. T' in ° C/sec.

Aus dem Verhältnis T'/t (Abb. 14) ist zu erkennen, daß sich die Abkühlungsgeschwindigkeit mit der Zeit ändert. Außerdem ist festzustellen, daß die Abkühlungsbeschleunigung in diesen Versuchen bei höheren Temperaturen größer ist als bei niedrigeren Temperaturen. Die Härtewerte, die zum Teil die mechanischen Eigenschaften der Schweißnaht sowie der Übergangszone bestimmen,

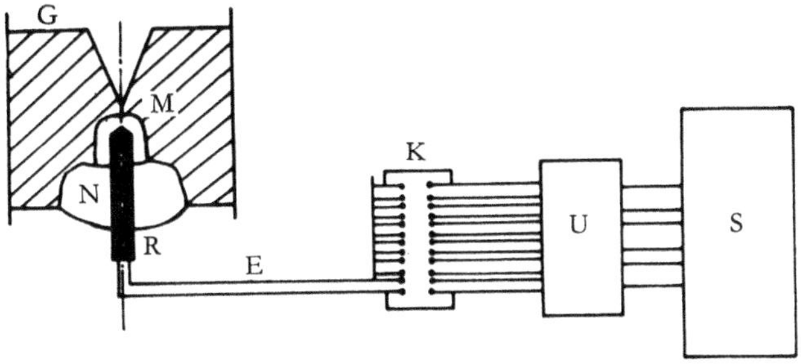

Abb. 12 Prinzipschema des Registrierens der Thermospannungen

G = Grundwerkstoff
M = Meßstelle
N = Gegenlage der Schweißnaht
R = Keramikrohr
E = Thermoelemente
K = Kaltlötstelle
U = Umschalteinheit
S = Schreiber

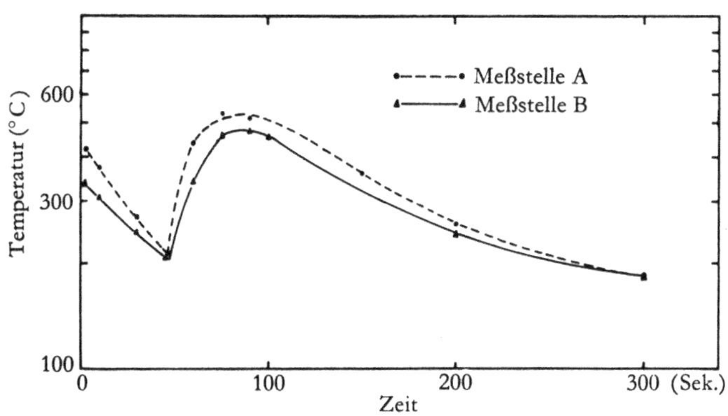

Abb. 13 Temperaturverlauf bei einer Probe mit verschiedenen Meßstellen
Meßstelle A = 20 mm von der Blechoberfläche
Meßstelle B = 22 mm von der Blechoberfläche

sind von dem maximalen Wert der Beziehung dT'/dt, das heißt von T'' abhängig. Die graphische Auswertung der Abkühlungsbeschleunigung der zwei Meßstellen (T_1'' max = 0,0289° C/sec²; T_2'' max = 0,0295° C/sec²) zeigt einen Unterschied von 2%, durch den kein nennenswerter Einfluß auf die mechanischen Eigenschaften der hier interessierenden Zone verursacht wird.

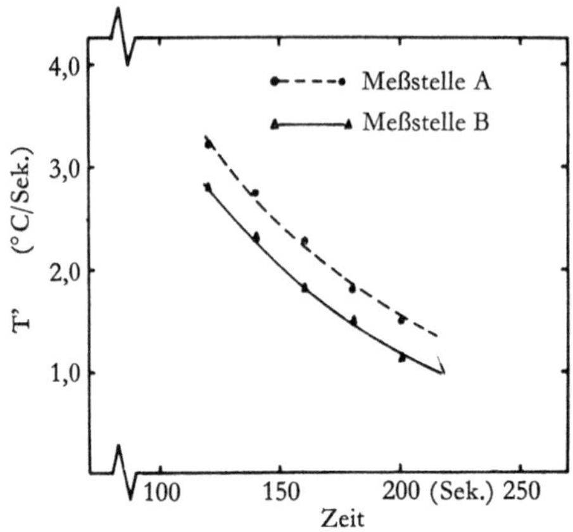

Abb. 14 Verlauf der Abkühlungsgeschwindigkeit bei einer Probe an verschiedenen Meßstellen
Meßstelle A = 20 mm von der Blechoberfläche
Meßstelle B = 22 mm von der Blechoberfläche

5. Schweißnahtprüfungen

Die Schweißverbindungen werden durch metallographische Untersuchungen und durch Ermittlung ihrer Festigkeitseigenschaften geprüft. Bei den metallographischen Untersuchungen werden Primär- und Sekundär-Makrogefüge sowie Sekundär-Mikrogefüge ausgewertet. Die Festigkeitseigenschaften werden an Hand von Härte- und Zugfestigkeitsmessungen sowie durch Kerbschlagbiege- und Faltversuche bestimmt, da diese für den praktischen Einsatz von entscheidender Bedeutung sind. Es sei herausgestellt, daß die Schweißnahtprüfungen an unbehandelten Proben, wenn nicht abweichend angegeben, durchgeführt sind.

5.1 Metallographische Untersuchungen

5.1.1 Makrogefügeuntersuchungen

Die Makrogefügeuntersuchungen der Primärkristallisation lassen Art und Umfang der Phasenumwandlungen erkennen. Das primäre Makrogefüge einer Mehrlagennaht, die als Vergleichsversuch mit dem Kohlensäure-Schweißverfahren nach der Eindrahtmethode hergestellt worden ist, zeigt, daß die Zwischen-Kristallschichten jeder Lage während des Auftragens der nächsten Lage erhalten bleiben. Das Vorwärmen durch die vorhergehende Lage ist für den Abbau der Zwischen-Kristallschichten nicht ausreichend. Bei einer mit der Doppelkopfmethode geschweißten Naht wird die Ausbildung der charakteristischen Zwischen-Kristallschichten unterbunden, da die Wiedererwärmung des unteren Schmelzbereiches durch die Schweißwärme des zweiten Lichtbogens sehr früh eintritt. Hierbei kann festgestellt werden, daß das Schmelzgut des ersten Lichtbogens nicht soweit abkühlt, wodurch die Kristallisations-Umwandlung noch vor dem Überfahren des zweiten Kopfes stattfinden kann. Eine Überhitzung der Schweiße durch den zweiten Lichtbogen kann vermutet werden; sie ist jedoch ohne nennenswerten Nachteil, was durch die erwähnten Festigkeitswerte erwiesen wird.
Die Untersuchungen des Sekundär-Makrogefüges (Abb. 7–10) zeigen, daß bei einer Probe die Naht ein feinkörniges Gefüge besitzt. Die einzelnen Stengelkristalle sind mit bloßem Auge schwer zu unterscheiden. Die Schmelz- und wärmebeeinflußten Zonen sind deutlich erkennbar. In den Übergangszonen gibt es Streifen von größerer und kleinerer Breite, die zwischen Naht- und Grundwerkstoff sowie auch zwischen zwei Schmelzzonen liegen. Der Nahtübergang unterscheidet sich vom Schweißgut; er hat kein Stengelgefüge.

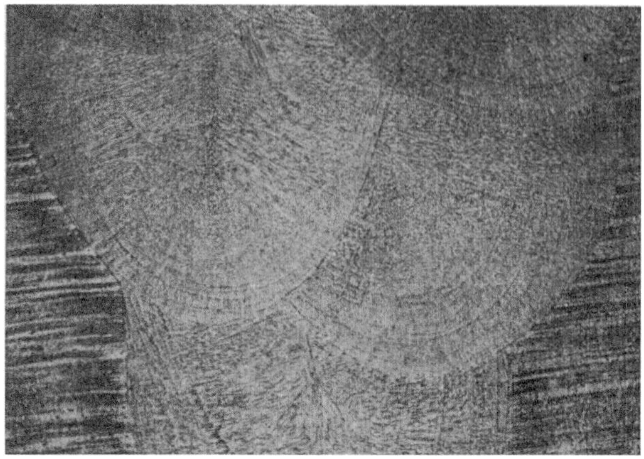

Abb. 15 Primärgefüge einer nach der Einkopfmethode geschweißten Probe (Ätzung nach OBERHOFF)

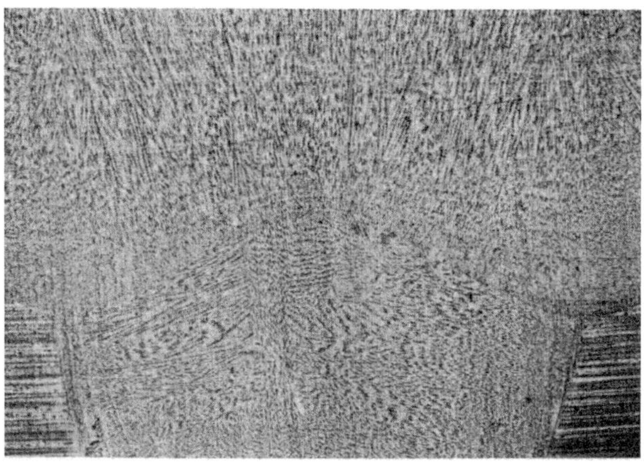

Abb. 16 Primärgefüge einer nach der Doppelkopfmethode geschweißten Probe (Ätzung nach OBERHOFF)

5.1.2 Mikrogefügeuntersuchung

Das Sekundär-Mikrogefüge (Abb. 17 und 18) bildet sich nach den Phasenumwandlungen, die in der Naht und der wärmebeeinflußten Zone nach dem Erstarren der Schweiße erfolgt sind. Die Festigkeitseigenschaften der Schweißverbindungen sind von dem vorliegenden Sekundär-Mikrogefügeaufbau abhängig.
Das Schweißgut der beiden Schmelzzonen und die Übergangszone zwischen der Schmelzzone und dem Grundwerkstoff sowie zwischen der ersten und der zweiten Schmelzzone werden untersucht. Der Charakter des Sekundärgefüges bei einer wärmebeeinflußten Zone ändert sich entsprechend den Abkühlungsverhältnissen.

Bei einer Doppelkopfnaht ist die obere Schmelzzone bei hoher Vorwärmtemperatur aufgetragen, wodurch die Abkühlungsgeschwindigkeit verlangsamt wird. Diese ergibt in der oberen Schmelzzone ein groberes Sekundär-Mikrogefüge als in der unteren Schmelzzone. Keine scharfen Grenzen der einzelnen Gefügebereiche der Zonen werden beobachtet, da der Übergang von einem Gefüge zum anderen allmählich erfolgt. Die Grenze zwischen zwei Schmelzzonen sowie zwischen Naht und Übergangszone sind nur mehr oder weniger deutlich.

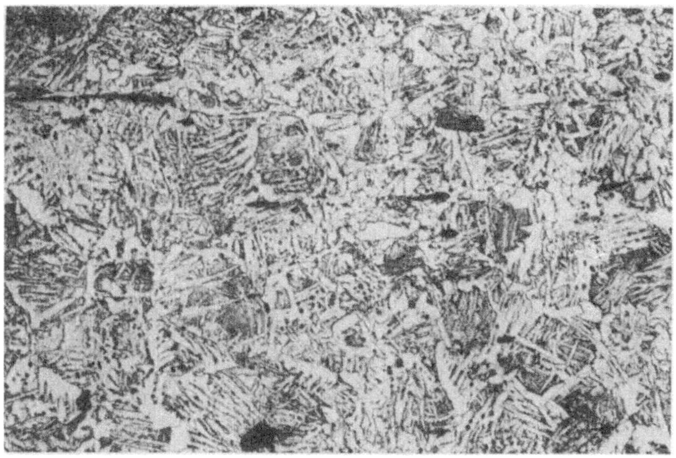

Untere Schmelzzone – Doppelkopfschweißung

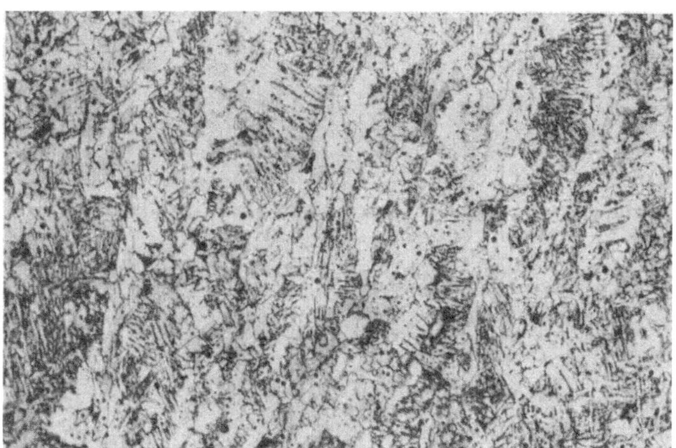

Obere Schmelzzone – Doppelkopfschweißung

Abb. 17 Sekundärmikrogefüge verschiedener Zonen
(Ätzung: 1%ige alkoholische Salpetersäure)

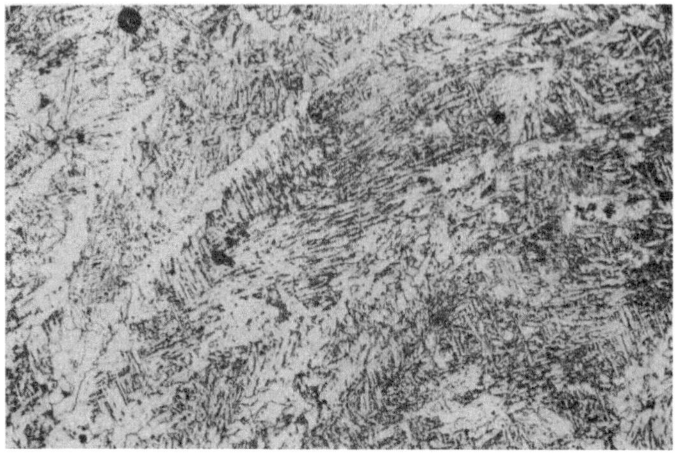

Übergangszone zwischen oberer Schmelzzone und unterer Schmelzzone – Doppelkopfschweißung

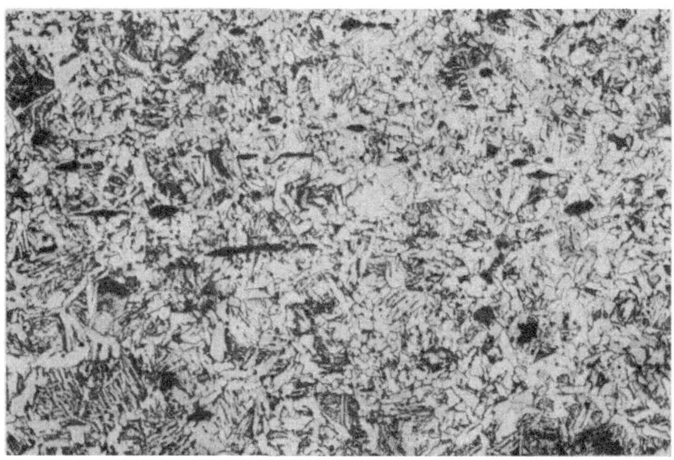

Übergangszone zwischen oberer Schmelzzone und Grundwerkstoff – Doppelkopfschweißung

Abb. 18 Sekundärgefüge verschiedener Zonen
(Ätzung: 1%ige alkoholische Salpetersäure)

5.2 Festigkeitsuntersuchungen

5.2.1 Härteuntersuchungen

Der Härteverlauf der hier durchgeführten Versuche wird nach der Vickers-Methode unter einer Last von 30 kp gemessen und zwar an zwei inneren und zwei äußeren Schmelzzonen. Der härtere Bereich ist durch Mikrohärtemessungen einer einzelnen Probe bei einer Prüflast von 3 kp ermittelt und wertmäßig festgehalten. Bei den erst erwähnten Proben ist der Abstand zwischen zwei Eindrücken 2 mm; beim Messen der Mikrohärte beträgt der Abstand 0,5 mm. Die Mikrohärtemessungen sind in einer Hälfte einer zweitgeschweißten Lage durchgeführt (Abb. 19), da erfahrungsgemäß die andere Hälfte (Symmetrie) entsprechende Werte aufweist. Es interessiert der Härteverlauf der zweitgeschweißten Lage, da hier die höchsten Werte auftreten. Beim Mikrohärtemessen ist der Abstand zwischen zwei Meßreihen 1,5 mm. Die Härtespitze bei der Probe liegt in der unteren Schmelzzone unterhalb des Bereiches der oberen Lage; in der oberen Schmelzzone weist die typisch eingeschnürte Stelle einer Kohlendioxyd-Schweißnaht die Härtemaxima auf.

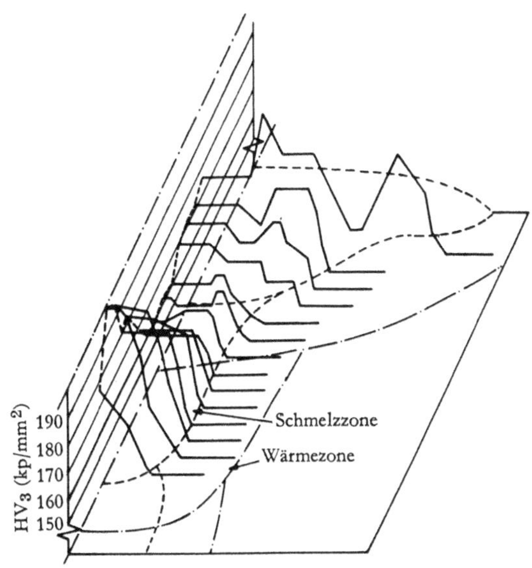

Abb. 19 Mikrohärteverlauf einer Schweißnaht

5.2.2 *Zugfestigkeitsuntersuchungen*

Bei den nach DIN 50120 vorbereiteten Flachzugproben liegt der Bruch in jedem Falle im Grundwerkstoff; die Zugfestigkeit der Schweißverbindung ist stets höher als die des Grundwerkstoffes. Zur Feststellung der Zugfestigkeit des Schweißgutes oder der wärmebeeinflußten Zone dienen Mikrozerreißversuche. Nach dem Mikrohärteverlauf sind die Zugfestigkeiten gerade dieser Zonen von großem Interesse. Die Abb. 20 gibt die Abmessung und die Lage einer Mikrozerreißprobe wieder.

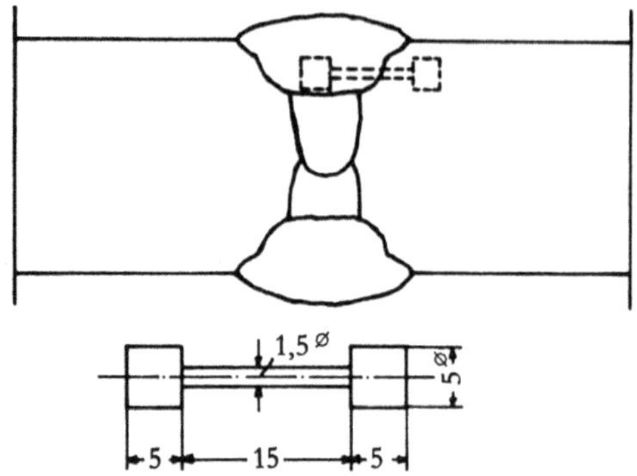

Abb. 20 Lage der Mikrozerreißprobe in der Übergangszone und Abmessungen der Probe

5.2.3 Kerbschlagbiegeversuche

Die Kerbschlagbiegeproben sind nach DIN 50115 (DVM) ausgeführt. Die Kerben werden in die Schweißnaht und in die Übergangszone gelegt. Für die Kerblage der Übergangszone bieten sich zwei Möglichkeiten an: die Bruchfläche liegt einmal im Schweißgut und zum anderen in der wärmebeeinflußten Zone. Beide Fälle sind zur Ermittlung der Kerbschlagzähigkeit experimentell berücksichtigt. Die Proben sind bei einer Schlagarbeit von 30 mkp bei einer Temperatur von 18°C zerschlagen.

5.2.4 Faltversuche

Die Faltversuchsproben sind nach DIN 50121 bemessen. Die an Stichproben durchgeführten Versuche mit einem Dorndurchmesser von 2×a zeigen jeweils einen Biegewinkel von 180° ohne Anriß.

6. Auswertung der Versuchsergebnisse

6.1 Einfluß der Schweißbedingungen auf die Abkühlungsverhältnisse

Die Abkühlungsverhältnisse während des Schweißablaufs – der Temperaturverlauf, die Abkühlungsgeschwindigkeit und die Abkühlungsbeschleunigung – sind weitgehend unter anderem von den Schweißbedingungen – der Lichtbogenspannung, der Schweißstromstärke, der Schweißvorschubgeschwindigkeit, dem Kopfabstand und der Vorwärmtemperatur – abhängig. Bei den hier durchgeführten Versuchen sind die Schweißbedingungen bei einer Naht, wie bereits erwähnt, am ersten Kopf stets konstant gehalten, während sie am zweiten Kopf geändert werden.

Die eingeführten elektrischen Energien bei verschiedenen Lichtbogenspannungen sowie verschiedenen Schweißstromstärken wirken sich in der Schweißnahtzone unterschiedlich aus wodurch sich verschiedene Temperaturverläufe ergeben (Abb. 21–24). Diese Aussage gilt auch bei verschiedenen Schweißvorschubgeschwindigkeiten (Abb. 25). Die Temperaturverläufe werden durch die Einstellung des Kopfabstandes in geringem Maße beeinflußt (Abb. 26). Das Vorwärmen der Stoßkanten bei gleichbleibenden Schweißbedingungen verlangsamt die Abkühlung. Die Aussage kann aus den aufgeführten unterschiedlichen Temperaturverläufen der Proben mit und ohne Vorwärmung festgestellt werden.

Die verschiedenen Querschnitte der Zusatzdrähte des zweiten Schweißkopfes ergeben bei gleichbleibenden Schweißbedingungen etwa die gleichen Temperaturänderungen (Abb. 27). Bei einer mit Falzdraht geschweißten Naht verursacht die Schlackenbildung der Decklage eine völlig andere Charakteristik des Temperaturänderungsverlaufes (Abb. 27d). Das Erhitzen und die Abkühlung des Schweißnahtbereiches ist bei diesem Zusatzdraht relativ langsam. Höhere Lichtbogenspannungen bei konstanter Stromstärke und konstanter Schweißgeschwindigkeit führten eine höhere Wärmeenergie dem Schweißnahtbereich zu, was eine verlangsamte Abkühlungsgeschwindigkeit zur Folge hat (Abb. 28). Bei einer vorgewärmten Probe ist die Wärmeausbreitung langsamer als bei einer nicht vorgewärmten Probe (Abb. 29). Die Proben mit ansteigender Stromstärke bei gleichbleibender Lichtbogenspannung und Schweißvorschubgeschwindigkeit ergeben die gleichen Resultate wie bei zunehmender Lichtbogenspannung, da so ebenfalls höhere Wärmeenergie zugeführt wird (Abb. 30). Wie bei den Versuchsreihen mit verschiedenen Lichtbogenspannungen sind hier die Kurven der nicht vorgewärmten Proben steiler als bei den vorgewärmten Proben (Abb. 31). Bei höherer Schweißgeschwindigkeit ist die eingebrachte Wärmeenergie je Zeiteinheit niedriger, wodurch sich die Abkühlungsgeschwindigkeit erhöht (Abb. 32). Beim Doppelkopf-Schweißen entspricht das Schweißgut des zweiten Kopfes dem einer

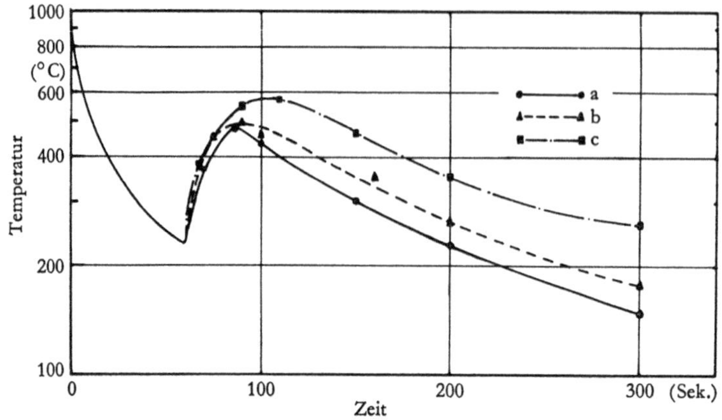

Abb. 21 Einfluß der Lichtbogenspannung am zweiten Kopf auf den Temperaturverlauf der Schweißnahtzone – ohne Vorwärmung

		a	b	c
1. Kopf	Spannung	33 V	33 V	33 V
	Stromstärke	600 A	600 A	600 A
	Draht-∅	1×3 mm	1×3 mm	1×3 mm
2. Kopf	Spannung	31 V	33 V	35 V
	Stromstärke	650 A	650 A	650 A
	Draht-∅	2×3 mm	2×3 mm	2×3 mm
	Kopfabstand	200 mm	200 mm	200 mm
	Schweißgeschwindigkeit	205 mm/min	205 mm/min	205 mm/min
	Arbeitstemperatur	20° C	20° C	20° C

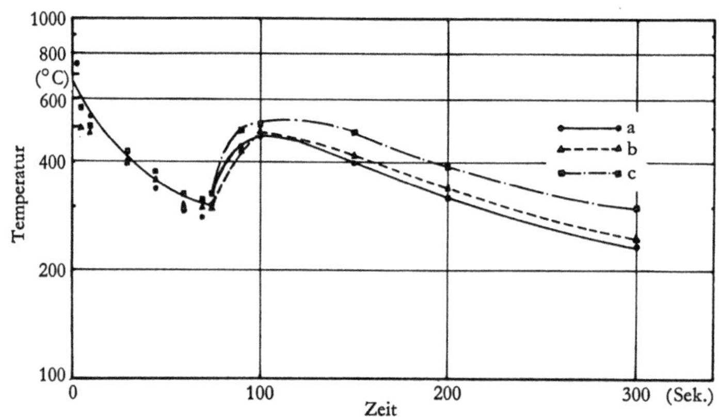

Abb. 22 Einfluß der Lichtbogenspannung am zweiten Kopf auf den Temperaturverlauf der Schweißnahtzone – mit Vorwärmung

		a	b	c
1. Kopf	Spannung	35 V	35 V	35 V
	Stromstärke	580 A	580 A	580 A
	Draht-∅	1×3 mm	1×3 mm	1×3 mm
2. Kopf	Spannung	36 V	38 V	39,5 V
	Stromstärke	600 A	600 A	600 A
	Draht-∅	2×2,4 mm	2×2,4 mm	2×2,4 mm
	Kopfabstand	300 mm	300 mm	300 mm
	Schweißgeschwindigkeit	250 mm/min	250 mm/min	250 mm/min
	Arbeitstemperatur	150° C	150° C	150° C

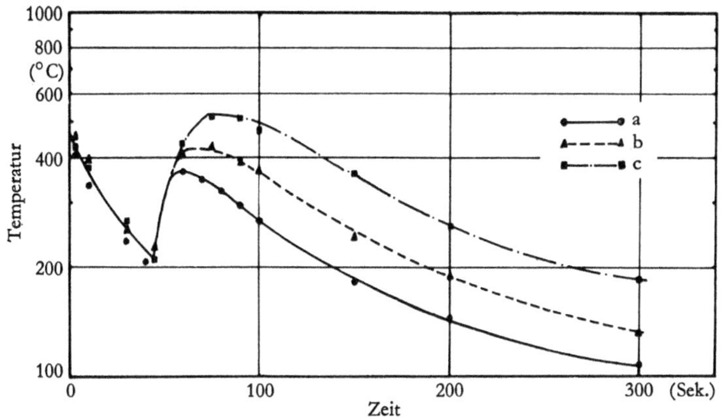

Abb. 23 Einfluß der Schweißstromstärke am zweiten Kopf auf den Temperaturverlauf der Schweißnahtzone – ohne Vorwärmung

		a	b	c
1. Kopf	Spannung	32 V	32 V	32 V
	Stromstärke	600 A	600 A	600 A
	Draht-⌀	1×3 mm	1×3 mm	1×3 mm
2. Kopf	Spannung	32 V	32 V	32 V
	Stromstärke	570 A	640 A	740 A
	Draht-⌀	2×3 mm	2×3 mm	2×3 mm
	Kopfabstand	200 mm	200 mm	200 mm
	Schweißgeschwindigkeit	260 mm/min	260 mm/min	260 mm/min
	Arbeitstemperatur	20° C	20° C	20° C

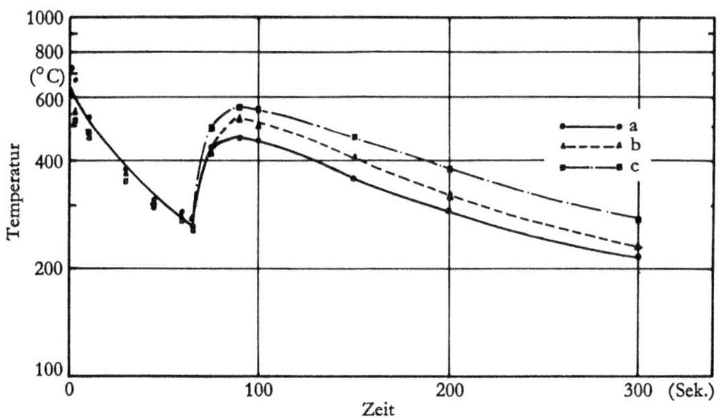

Abb. 24 Einfluß der Schweißstromstärke am zweiten Kopf auf den Temperaturverlauf der Schweißnahtzone – mit Vorwärmung

		a	b	c
1. Kopf	Spannung	35 V	35 V	35 V
	Stromstärke	550 A	550 A	550 A
	Draht-⌀	1×3 mm	1×3 mm	1×3 mm
2. Kopf	Spannung	36 V	36 V	36 V
	Stromstärke	580 A	725 A	860 A
	Draht-⌀	2×3 mm	2×3 mm	2×3 mm
	Kopfabstand	300 mm	300 mm	300 mm
	Schweißgeschwindigkeit	270 mm/min	270 mm/min	270 mm/min
	Arbeitstemperatur	150° C	150° C	150° C

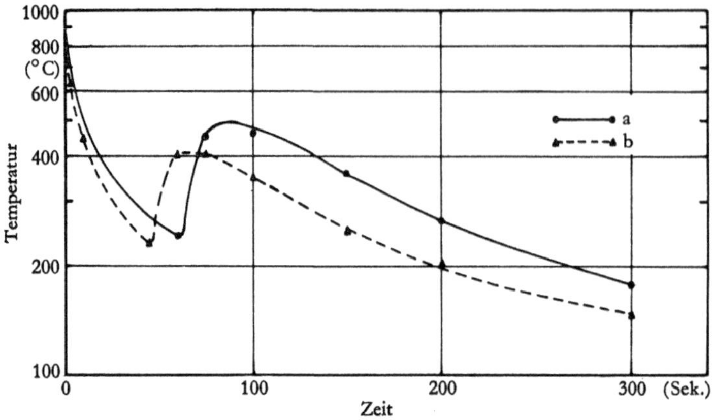

Abb. 25 Einfluß der Schweißvorschubgeschwindigkeit auf den Temperaturverlauf der Schweißnahtzone

		a	b
1. Kopf	Spannung	34 V	34 V
	Stromstärke	560 A	560 A
	Draht-∅	1×3 mm	1×3 mm
2. Kopf	Spannung	33,5 V	33,5 V
	Stromstärke	650 A	650 A
	Draht-∅	2×3 mm	2×3 mm
	Kopfabstand	200 mm	200 mm
	Schweißgeschwindigkeit	200 mm/min	300 mm/min
	Arbeitstemperatur	20° C	20° C

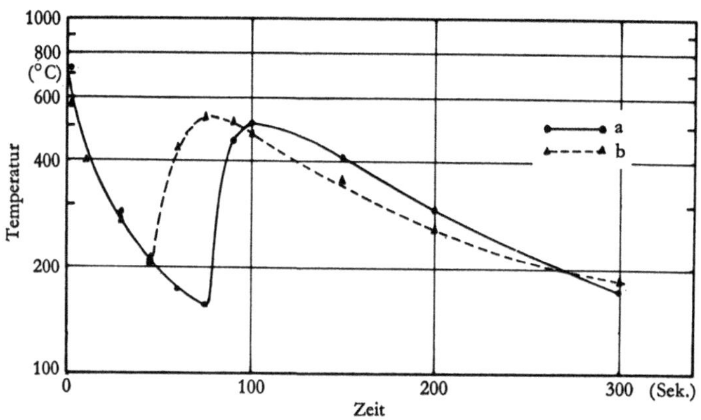

Abb. 26 Einfluß des Kopfabstandes auf den Temperaturverlauf der Schweißnahtzone

		a	b
1. Kopf	Spannung	33 V	33 V
	Stromstärke	620 A	620 A
	Draht-∅	1×3 mm	1×3 mm
2. Kopf	Spannung	34 V	34 V
	Stromstärke	760 A	760 A
	Draht-∅	2×3 mm	2×3 mm
	Kopfabstand	300 mm	200 mm
	Schweißgeschwindigkeit	230 mm/min	230 mm/min
	Arbeitstemperatur	20° C	20° C

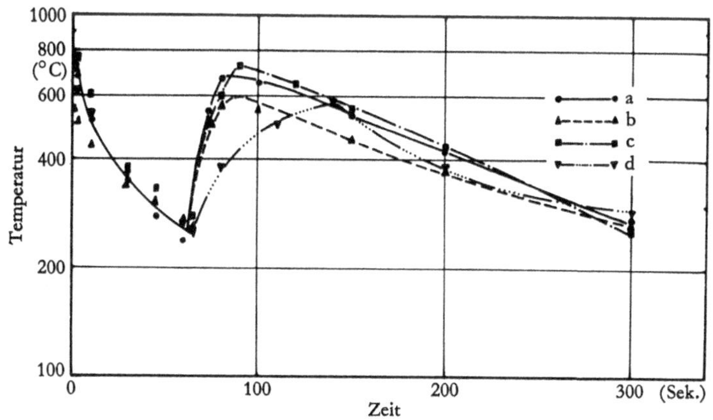

Abb. 27 Einfluß des Zusatzwerkstoff-Querschnitt auf den Temperaturverlauf der Schweißnahtzone

		a	b	c	d
1. Kopf	Spannung	34 V	34 V	30 V	33 V
	Stromstärke	550 A	550 A	660 A	600 A
	Draht-⌀	1×3 mm	1×3 mm	1×3 mm	1×3 mm
2. Kopf	Spannung	35 V	35 V	35 V	36 V
	Stromstärke	860 A	860 A	860 A	860 A
	Draht-⌀	2×2,4 mm	2×3 mm	1×4 mm	2×3,2 mm (Falzdraht)
	Kopfabstand	300 mm	300 mm	300 mm	300 mm
	Schweiß-geschwin-digkeit	250 mm/min	250 mm/min	250 mm/min	250 mm/min
	Arbeits-temperatur	150°C	150°C	150°C	150°C

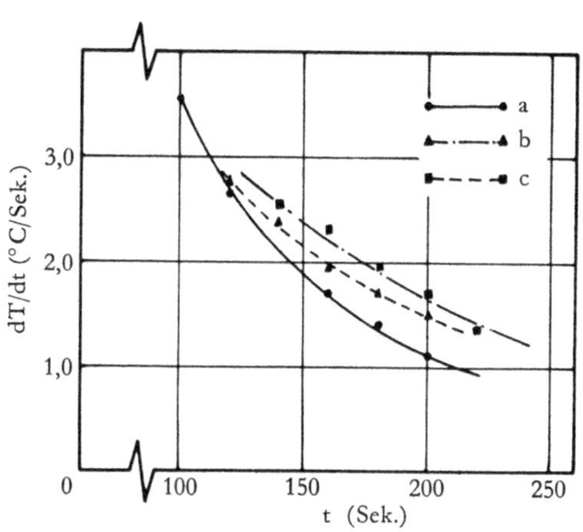

Abb. 28 Einfluß der Lichtbogenspannung des zweiten Kopfes auf die Abkühlungsgeschwindigkeit der Schweißnahtzone – ohne Vorwärmung
Schweißbedingungen für a, b und c s. Abb. 21

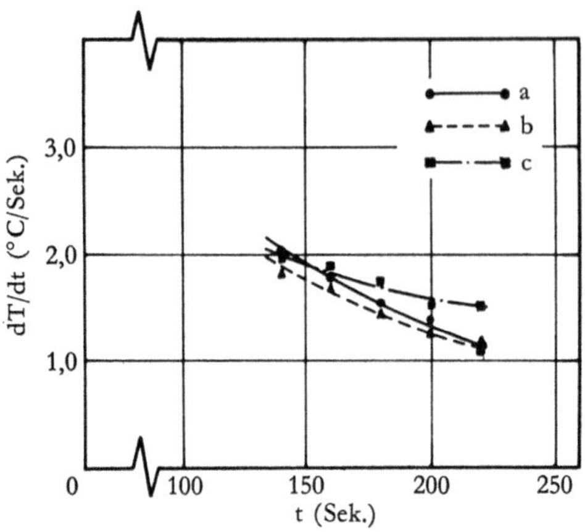

Abb. 29 Einfluß der Lichtbogenspannung auf die Abkühlungsgeschwindigkeit der Schweißnahtzone – mit Vorwärmung
Schweißbedingungen für a, b und c s. Abb. 22

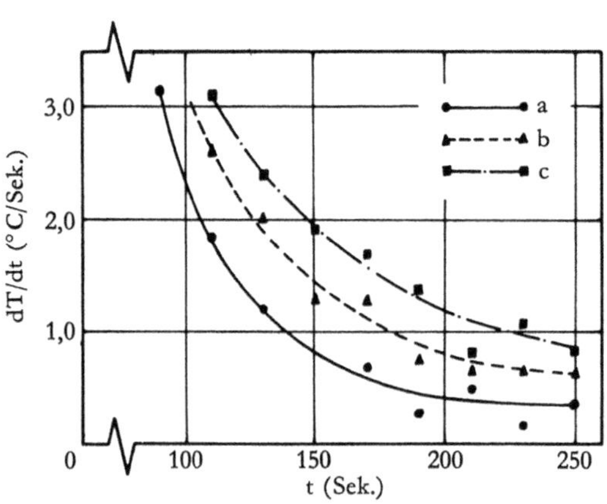

Abb. 30 Einfluß der Schweißstromstärke des zweiten Kopfes auf die Abkühlungsgeschwindigkeit der Schweißnahtzone – ohne Vorwärmung
Schweißbedingungen für a, b und c s. Abb. 23

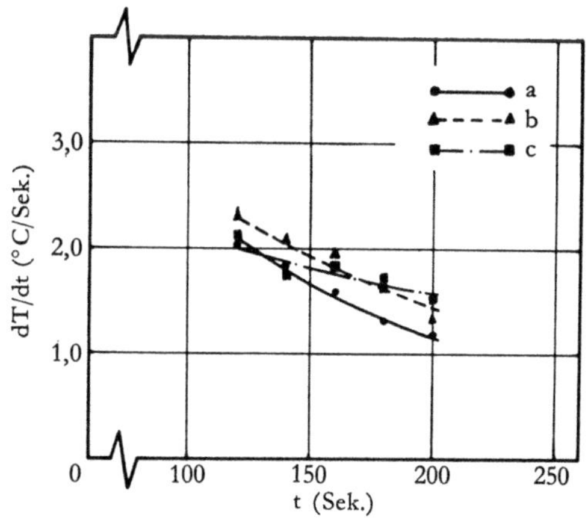

Abb. 31 Einfluß der Schweißstromstärke des zweiten Kopfes auf die Abkühlungsgeschwindigkeit der Schweißnahtzone – mit Vorwärmung
Schweißbedingungen für a, b und c s. Abb. 24

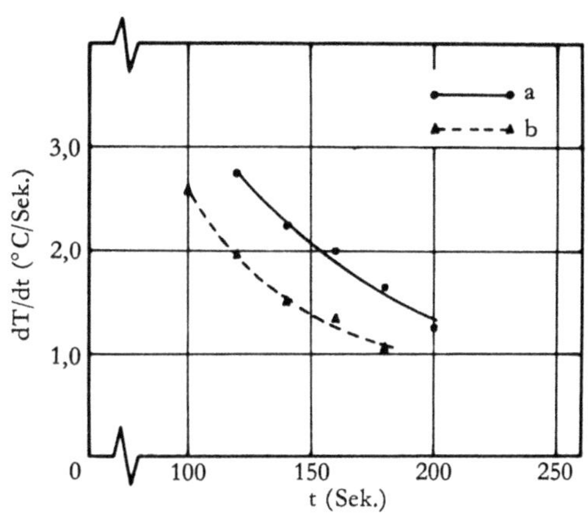

Abb. 32 Einfluß der Schweißgeschwindigkeit auf die Abkühlungsgeschwindigkeit der Schweißnahtzone
Schweißbedingungen für a, b und c s. Abb. 25

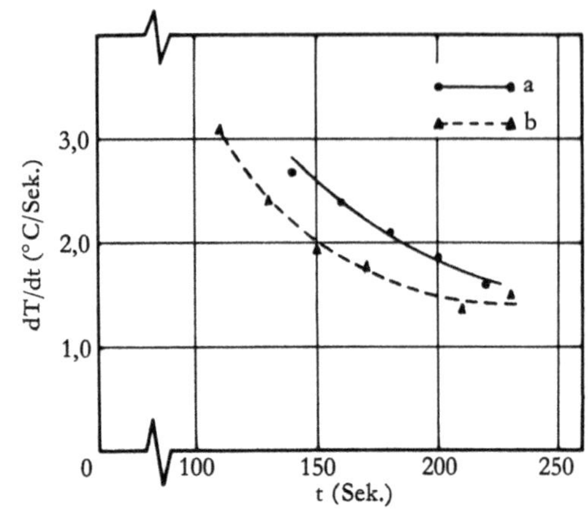

Abb. 33 Einfluß des Kopfabstandes auf die Abkühlungsgeschwindigkeit der Schweißnahtzone
Schweißbedingungen für a, b und c s. Abb. 26

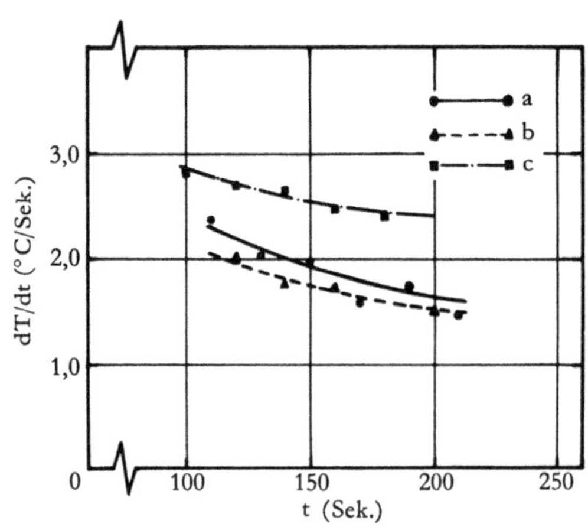

Abb. 34 Einfluß des Querschnittes des Zusatzwerkstoffes (zweiter Kopf) auf die Abkühlungsgeschwindigkeit der Schweißnahtzone
Schweißbedingungen für a, b und c s. Abb. 27

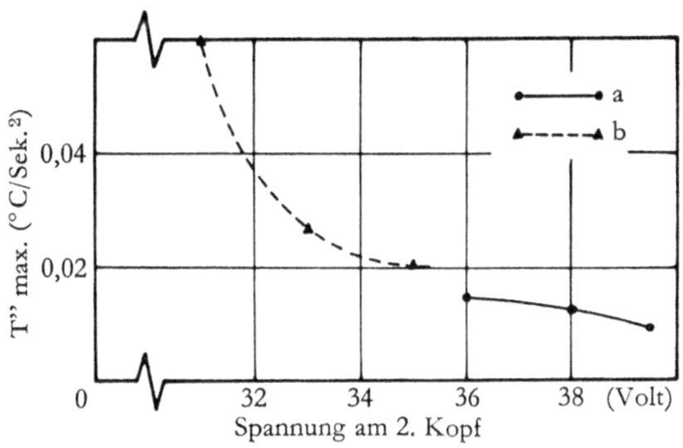

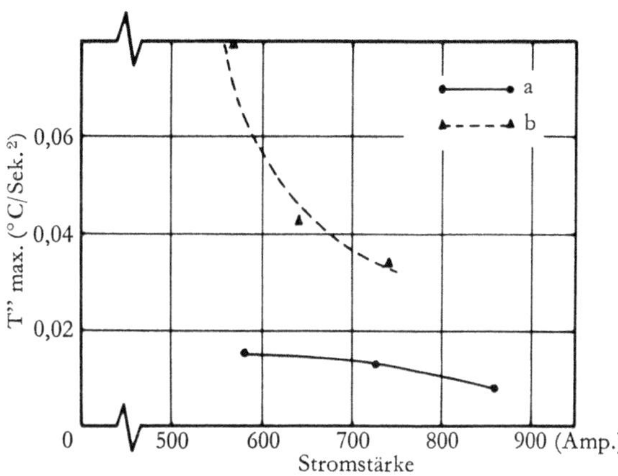

Abb. 35 Einfluß der Lichtbogenspannung und der Schweißstromstärke des zweiten Kopfes auf die Abkühlungsbeschleunigung der Schweißnahtzone
a = Vorgewärmte Proben
b = Nicht vorgewärmte Probe

zweiten Lage, die bei einer hohen Vorwärmtemperatur aufgetragen wird. Mit zunehmenden Kopfabständen ist die erwähnte Vorwärmtemperatur niedriger, was eine höhere Abkühlungsgeschwindigkeit ergibt (Abb. 33). Bei gleichbleibenden Schweißbedingungen, jedoch bei unterschiedlicher Stromdichte ergeben sich bedingt durch Änderung der Drahtquerschnitte und der Anzahl der Drähte Wärmemengen, die sehr geringe Unterschiede der Abkühlungsgeschwindigkeiten hervorrufen (Abb. 34).

Theoretisch müssen die aufgeführten Abkühlungsgeschwindigkeitskurven jeder Versuchsreihe so verlaufen, daß sie zu Beginn miteinander konvergieren und dann auseinanderlaufen, da die Wärmeenergie bei größer eingeführter elektrischer Energie größer und damit die Abkühlungsgeschwindigkeit bei gleicher Blechdicke geringer ist als bei kleinerer eingebrachter Energie. Die ermittelten Temperaturkurven entsprechen jedoch nicht jenen gemäß der theoretischen Überlegungen; die Unterschiede sind nicht zuletzt auf die unterschiedliche Lage der Meßpunkte zurückzuführen (Toleranzen der Ausführungsgenauigkeit!).

Bemerkenswert ist die Steilheit der Kurven, die für die jeweilige Zeit die Verzögerung der Abkühlungsgeschwindigkeit darstellt. Die maximalen Werte der Abkühlungsbeschleunigung dT'/dt bzw. T'' max werden aus den Abkühlungsgeschwindigkeitskurven graphisch ausgewertet. Der Einfluß der Lichtbogenspannung sowie der Schweißstromstärke auf T'' max zeigt, daß die Abkühlungsbeschleunigung mit zunehmender Spannung und Stromstärke bei den nicht vorgewärmten Blechen schnell und bei den vorgewärmten Blechen langsam abnimmt (Abb. 35).

6.2 Einfluß der Abkühlungsverhältnisse auf die mechanischen Gütewerte der Schweißnahtzone

Die mechanischen Eigenschaften einer Schweißverbindung sind unter anderem von der chemischen Zusammensetzung des Grund- und Zusatzwerkstoffes sowie von den Abkühlungsverhältnissen des Schweißablaufes abhängig. Bei diesen Untersuchungen sind alle Proben aus einem HII-Kesselblech und auch die blanken Zusatzdrähte der verschiedenen Durchmesser aus einer Charge entnommen. Der Einfluß der Werkstoff-Zusammensetzung auf die mechanischen Eigenschaften bleibt somit konstant. Die Abkühlungsverhältnisse sind demnach eine Funktion der Blechgröße und Schweißbedingungen. Der Einfluß der Blechgröße auf die Abkühlungsverhältnisse wird durch Bleche mit Mindestabmessungen von 350 mm × 1000 mm konstant gehalten, deren dem Schweißen abgewandte Enden während des Schweißens noch bei Raumtemperatur bleiben. Es bleibt somit lediglich der Einfluß der Schweißbedingungen auf die Abkühlungsverhältnisse und auf die mechanischen Gütewerte der Schweißverbindungen zu ermitteln.

Eine hohe Abkühlungsgeschwindigkeit verursacht Risse im eingebrachten Schweißgut des ersten Schweißkopfes als Folge hoher Schweißgeschwindigkeit. Die kritische Grenze des Temperaturverlaufes mit höchster Abkühlungsgeschwindigkeit, die für den ersten Lichtbogen ermittelt ist, wird in Abb. 36 wiedergegeben. Bei den untersuchten Werkstoffen kann eine fehlerfreie Naht nur unterhalb dieser Grenze geschweißt werden. Beim Schweißen mit dem Temperaturverlauf nach Abb. 36a tritt Warmriß ein; die Temperaturverläufe nach Abb. 36b und c ergeben gute Schweißverbindungen.

Hier sei erwähnt, daß die in den Kurven ermittelten Temperaturen nicht die effektiven Werte wiedergeben, da ein Meßfehler von $\pm$ 5% max und eine Versetzung einzelner Elementpaare nicht zu vermeiden sind. Diese Fehler sind relativ gleich, so daß die Tendenz der Kurven für praktische Nutzanwendung verwertet werden kann.

Die Abb. 37 gibt das Zeit-Temperatur-Umwandlungs-Diagramm (ZTU) eines entsprechenden Stahles wieder. Die in diesen Versuchen gefundenen Härtewerte verschiedener Nahtbereiche (Abb. 38) entsprechen nicht den in Abb. 37 angegebenen Werten. Diese Abweichung kann wie folgt erklärt werden: die Temperatur-Meßstellen können aus praktischen Erwägungen nicht im Schmelzbad,

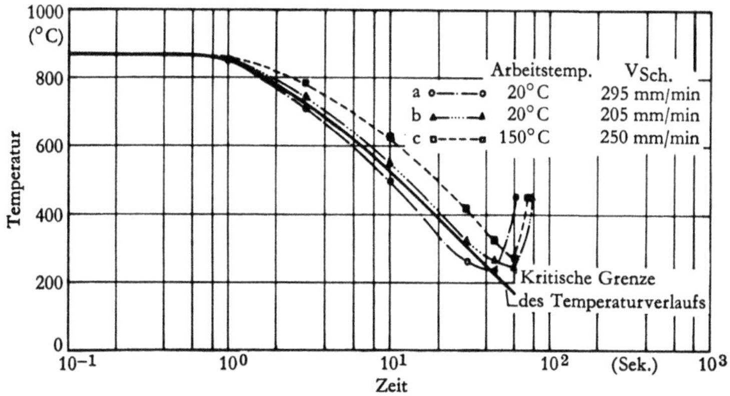

Abb. 36 Kritische Grenze des Temperaturverlaufs, bei deren Überschreitung Risse in der Schweißnaht auftreten
(H II-Bleche, Blechdicke s = 38 mm)

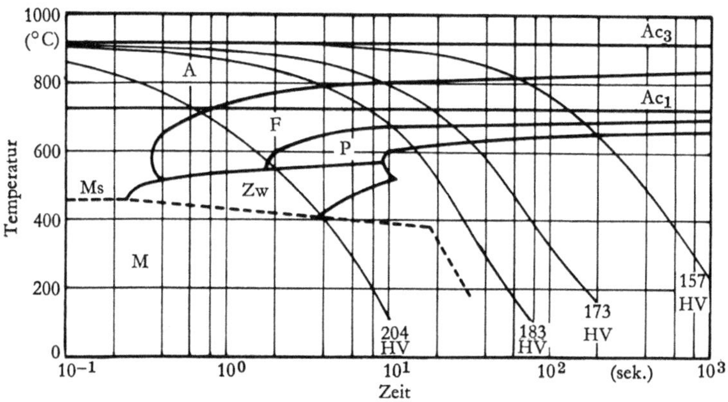

Abb. 37 Gefügeaufbau bei verschiedenen Temperaturverläufen und darauf sich ergebende Härtewerte (nach Wärmeatlas)

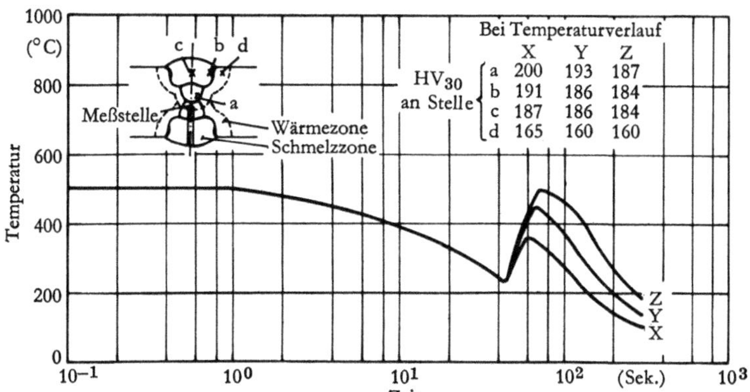

Abb. 38 Härtewerte bei verschiedenen Temperaturverläufen in verschiedenen Zonen des Schweißnahtbereiches

sondern in der wärmebeeinflußten Zone der unteren Lage eingebracht werden (Abb. 11), die nur eine geringere als die in der Schmelze auftretende Abkühlungsgeschwindigkeit aufweist. Diese Aussage trifft für die Stellen b, c und d in Abb. 38 zu. Ferner wird das entsprechende ZTU-Diagramm des Schweißgutes (Ausgangszustand) durch Verunreinigungen der Schmelze wesentlich beeinflußt. Dieses trifft für die Stellen a, b und c in Abb. 38 zu. Bei der Stelle a tritt ursprünglich ohne einen zweiten Lichtbogen eine höhere Härte auf. Die Wärme aus dem zweiten Lichtbogen verursacht einen Wärmebehandlungseffekt, wodurch die Härte dieser Stelle herabgesetzt wird. Ferner kann nachgewiesen werden, daß bei gleichen Schweißbedingungen die Abkühlung nach dem Schweißen mit dem ersten Lichtbogen schneller erfolgt als nach dem Schweißen mit dem zweiten Lichtbogen (Abb. 39). Somit werden im Schweißgut der Decklagen stets bessere mechanische Gütewerte als in der Wurzellage erzielt.

Bei langsamer Abkühlung nimmt die Streckgrenze und auch die Zugfestigkeit nur unwesentlich zu (Abb. 40). Dieses wiederspricht der allgemein bekannten Aussage, daß die Härtewerte den Schweißnahtbereich in bezug auf Streckgrenze und Zugfestigkeit erkennen lassen. Aus der Lage der entnommenen Probestücke (Abb. 20) und aus den ermittelten Stellen der Härtewerte (Abb. 38) ist ersichtlich, daß die Bruchstellen der Proben stets in der wärmebeeinflußten Zone liegen. Die unterschiedlichen Abkühlungsverhältnisse scheinen keine bedeutenden Einflüsse auf die Härtewerte dieser Zone (Abb. 38) zu haben, da sie etwa die gleichen Werte bei verschiedenen Temperaturverläufen aufweisen.

Für die Dehnwerte muß die Abkühlung in bezug auf die zunehmende Lichtbogenspannung und auf die zunehmende Schweißstromstärke betrachtet werden. Obwohl in beiden Fällen die Abkühlungsgeschwindigkeit sich verlangsamt, nimmt die Dehnung mit zunehmender Lichtbogenspannung ab und höher werdender Schweißstromstärke zu. Der Einfluß der Schweißgeschwindigkeit auf die Dehnung ist gering (Abb. 41). Vorgewärmte Proben weisen bessere Dehnwerte auf als nicht vorgewärmte.

Zunehmende Lichtbogenspannung sowie größer werdende Schweißstromstärke verschlechtern trotz langsamer Abkühlung die Kerbschlagzähigkeit einer Schweißnaht (Abb. 42). Durch folgende Annahmen kann dieses Verhalten erklärt werden: die Zunahme der Lichtbogenspannung erhöht den Kohlenstoffgehalt und erniedrigt den Phosphorgehalt im Schweißgut. Bei höher werdender Stromstärke hingegen erhöht sich der Phosphorgehalt und erniedrigt sich der Kohlenstoffgehalt. Eine Zunahme des Phosphorgehaltes bedingt Kaltbrüchigkeit und eine Abnahme des Kohlenstoffgehaltes erniedrigt bei den hier auftretenden Abkühlungsverhältnissen die Dehnung. Eine resultierende Wirkung des Phosphor- und Kohlenstoffgehaltes setzt die Kerbschlagzähigkeit der Naht herab. Abkühlungsverhältnisse des Nahtbereiches haben keinen wesentlichen Einfluß auf die Kerbschlagzähigkeit der Übergangszone.

Bei den hier durchgeführten Versuchen zeigt sich, daß die Härtespitze einer Schweißnaht von der maximalen Abkühlungsbeschleunigung beeinflußt wird (Abb. 43). Diese sind bei den Versuchen mit verschiedenen Schweißbedingungen

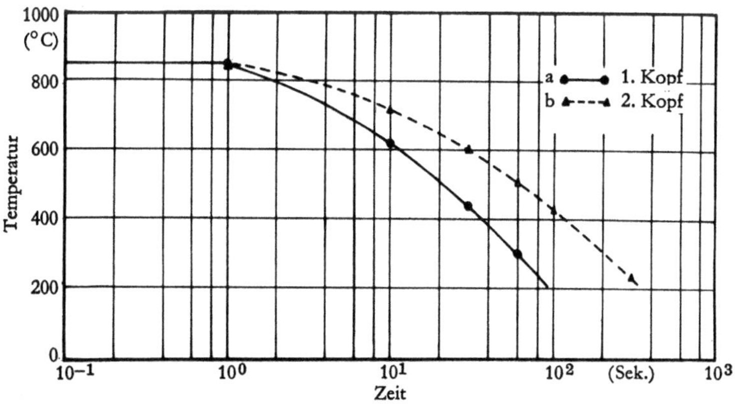

Abb. 39 Temperaturverläufe der Schweißnahtzone nach dem Schweißen mit dem ersten und dem zweiten Lichtbogen bei gleichen Schweißbedingungen

1. Kopf:	37,3 V, 570 A
2. Kopf:	37,6 V, 580 A
Schweißgeschwindigkeit:	250 mm/min
Arbeitstemperatur:	20° C
Abstand der Schweißköpfe:	300 mm

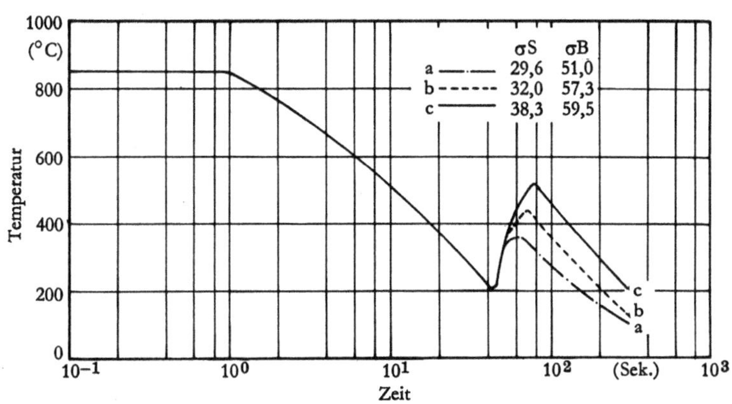

Abb. 40 Einfluß der Abkühlung auf die Festigkeitswerte der Schweißnahtzone Schweißbedingungen für a, b und c s. Abb. 23

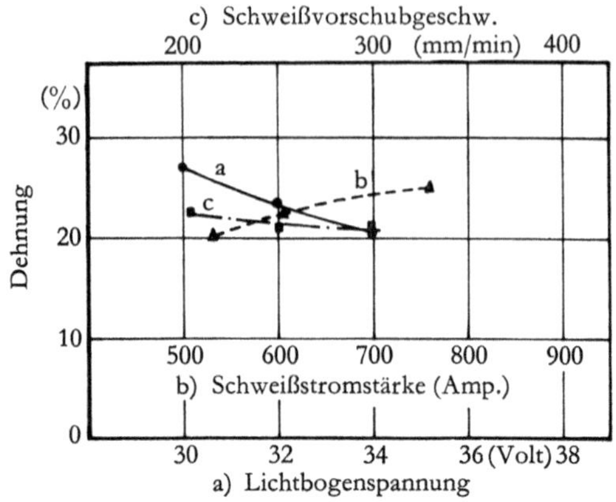

Abb. 41 Einfluß der Schweißbedingungen des zweiten Kopfes auf die Dehnwerte der Schweißverbindung

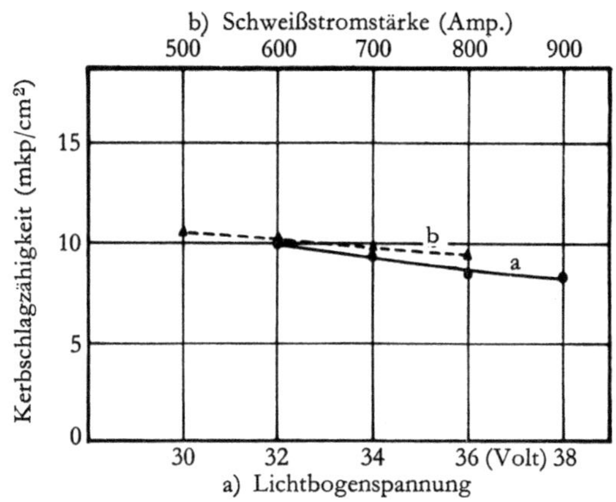

Abb. 42 Einfluß der Schweißbedingungen des zweiten Schweißkopfes auf die Kerbschlagzähigkeit der Schweißnaht

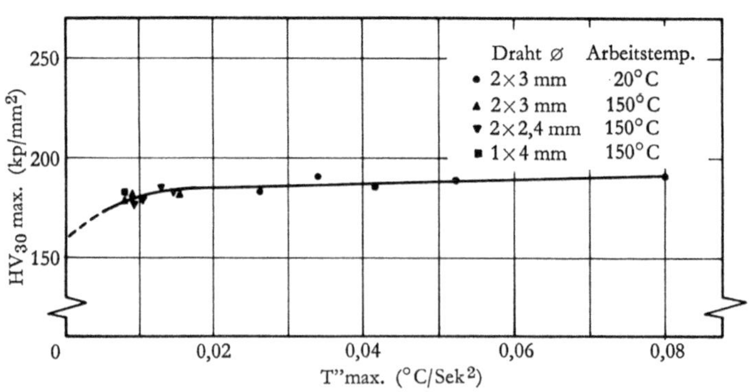

Abb. 43 Einfluß der maximalen Abkühlungsbeschleunigung auf die Härtespitze der Schweißnahtzone

durch graphische Auswertung ermittelt, wobei auch verschiedene Drahtquerschnitte berücksichtigt werden.
Es sei in diesem Zusammenhang herausgestellt, daß die Versuchswerkstoffe eine nur geringe Härtbarkeit besitzen. Die Unterschiede zwischen den ermittelten Härtewerten sind daher bei verschiedenen Abkühlungsverhältnissen nicht sehr groß. Die Härtemaxima bei entsprechenden Abkühlungsbeschleunigungen haben nur geringe Streuwerte und ergeben eine eindeutige Tendenz. Die maximalen Abweichungen dieser Streuwerte sind geringer als 5 kp/mm^2 (HV_{30}).

6.3 Einfluß der Schweißbedingungen auf die Wirtschaftlichkeit

Die Wirtschaftlichkeit eines Schweißverfahrens hängt weitgehend von der Abschmelzleistung und von dem Abschmelzkoeffizienten der Schmelze ab, die durch Schweißbedingungen beeinflußt werden. Die Abschmelzleistung stellt die Mengen des niedergeschmolzenen Zusatzwerkstoffes je Zeiteinheit dar; durch den Abschmelzkoeffizienten hingegen wird die Menge der Schmelze bzw. des abgeschmolzenen Zusatzwerkstoffes sowie des aufgeschmolzenen Grundwerkstoffes je eingeführter Energieeinheit angegeben.
Mit zunehmender Lichtbogenspannung bzw. größer werdender Lichtbogenlänge wird die Einflußzone des Kathodenflecks (bei Pluspolung an der Elektrode) des Lichtbogens auf dem Grundwerkstoff größer. Die breitere Oberflächenaufschmelzung des Grundwerkstoffes erfordert mehr Energie. Außerdem geht durch größere Länge und somit vergrößerter Oberfläche der Lichtbogensäule mehr Wärme durch Strahlung verloren. Die Verringerung der Abschmelzleistung wirkt hier für das erforderliche Energiepotential ausgleichend.
Die zunehmende Schweißstromstärke ergibt durch größere eingeführte Energie eine Zunahme der Abschmelzleistung. Die zunehmende Energie wirkt sich am Elektrodenende aus, was durch höher werdende, am Elektrodenfleck erzeugte Wärme sowie durch zunehmende Widerstandserwärmung das Abschmelzen des Zusatzwerkstoffes erhöht.
Die Abschmelzleistung bei konstanter Stromstärke und bei verschiedenen Drahtquerschnitten nimmt mit zunehmender Stromdichte zu. Der mittlere Wert (Abb. 44g) stellt die Verhältnisse einer Eindrahtschweißung (4,0 mm $\varnothing \times 1$) des zweiten Kopfes dar. Beim Eindrahtschweißen bewirken die elektromagnetischen Kräfte ein Wandern des Kathodenflecks auf dem Grundwerkstoff. Beim Doppeldrahtschweißen ergeben die Resultierenden der zwei Magnetfelder eine Stabilisierung der Verhältnisse in sofern, als das Wandern der Kathodenflecke geringer wird. Dadurch wird weniger Grundwerkstoff aufgeschmolzen. Es steht also mehr Energie zum Niederschmelzen des Zusatzwerkstoffes zur Verfügung. Dieses bedeutet, daß das Doppeldrahtschweißen eine relativ größere Abschmelzleistung als das Eindrahtschweißen erwarten läßt.
Mit zunehmender Schweißgeschwindigkeit nimmt die Abschmelzleistung zu. Da die Einflußzone des Kathodenflecks im Lichtbogen mit zunehmender Geschwin-

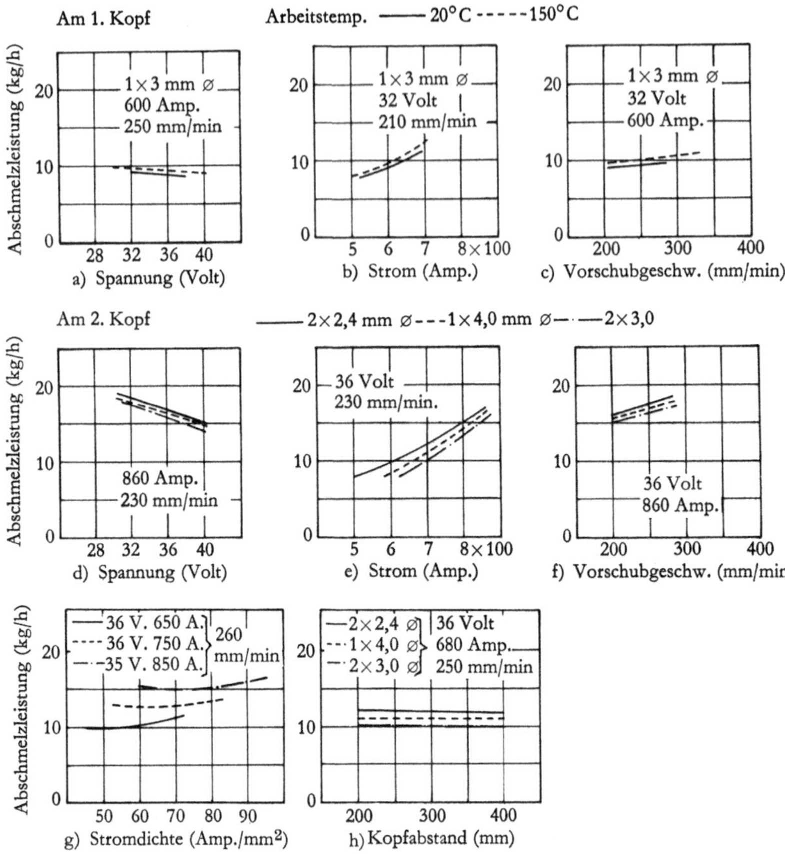

Abb. 44 Einfluß der Schweißbedingungen auf die Abschmelzleistung

digkeit kleiner wird, ist die Aufschmelzung im Grundwerkstoff wesentlich geringer. Dadurch ist der Anteil der Wärmeenergie für die Abschmelzung des Zusatzwerkstoffes größer.

Bei den hier durchgeführten Versuchen kommt das Schweißen mit dem zweiten Lichtbogen praktisch dem Schweißen einer zweiten Lage bei höherer Vorwärmtemperatur gleich. Mit größer werdendem Kopfabstand wird diese Vorwärmtemperatur durch Wärmeleitung des Werkstückes reduziert. Mit kleiner werdendem Kopfabstand steht also eine zunehmende Wärmeenergie durch die erhöhte Vorwärmtemperatur zur Verfügung, die die Abschmelzleistung erhöht (Abb. 44).

Für die Wirtschaftlichkeitsbetrachtung eines Verfahrens muß unterschieden werden zwischen

A) dem Abschmelzkoeffizienten des Zusatzwerkstoffes,
B) dem Abschmelzkoeffizienten des gesamten Schweißgutes, d. h. des abgeschmolzenen Zusatzwerkstoffes und des aufgeschmolzenen Grundwerkstoffes.

Der Abschmelzkoeffizient hat die Dimension kg/kWh.

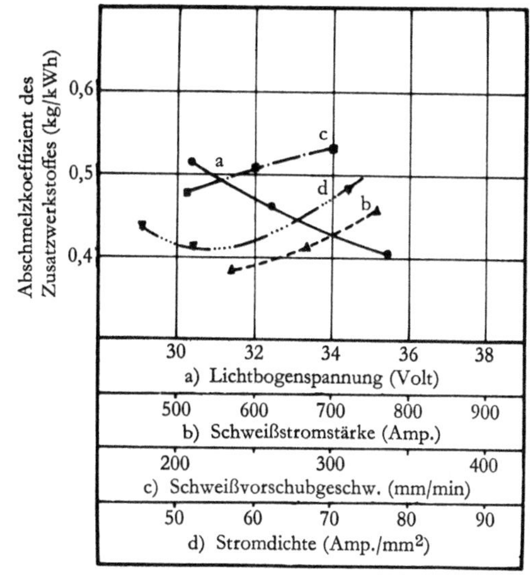

Abb. 45 Einfluß der Schweißbedingungen auf den Abschmelzkoeffizienten des Zusatzwerkstoffes

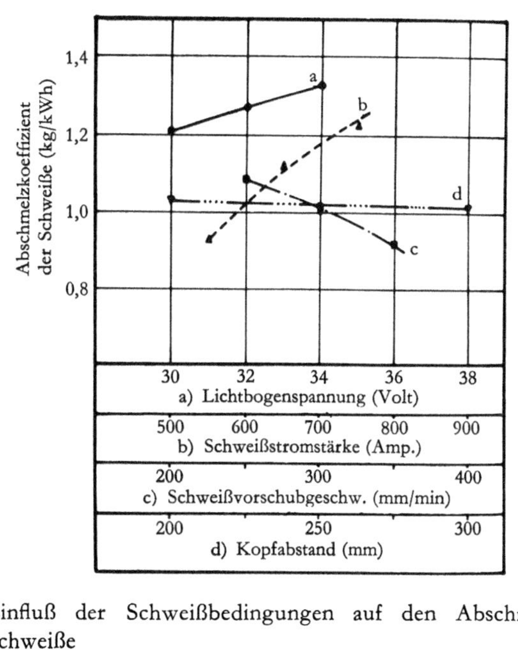

Abb. 46 Einfluß der Schweißbedingungen auf den Abschmelzkoeffizienten der Schweiße

Eine zunehmende Lichtbogenspannung bzw. eine größer werdende Lichtbogenlänge setzt den Abschmelzkoeffizienten des Zusatzwerkstoffes herab und erhöht den der Schweiße. Eine niedrige Lichtbogenspannung (kurzer Lichtbogen) ist also erwünscht, da dieser eine große Abschmelzleistung des Zusatzwerkstoffes und geringe Aufschmelzung des Grundwerkstoffes bei einer gleichen zugeführten Energiemenge ergibt.

Eine zunehmende Schweißstromstärke erhöht beide Abschmelzkoeffizienten; die Abschmelzung der Elektrode und die Aufschmelzung des Grundwerkstoffes werden größer. Eine zu tiefe Aufschmelzung des Grundwerkstoffes bedeutet Energieverlust. Die zugeführte Energiemenge darf daher auf Grund der Wirtschaftlichkeit nur entsprechend groß sein. Eine Aufschmelzung des Grundwerkstoffes bis zu einer Tiefe von 4 mm erweist sich als günstig. Der Einfluß der Stromdichte auf den Abschmelzkoeffizienten des Zusatzwerkstoffes zeigt, daß das Schweißen mit dünneren Elektroden ($2 \times 2{,}4$ mm ⌀) wirtschaftlicher ist als mit dickeren Elektroden ($2 \times 3{,}0$ mm ⌀) und ($1 \times 4{,}0$ mm ⌀).

Die Zunahme der Schweißgeschwindigkeit erhöht den Abschmelzkoeffizienten des Zusatzwerkstoffes und erniedrigt den der Schweiße. Das Schweißen mit hoher Vorschubgeschwindigkeit ist wirtschaftlicher, da es eine größere Abschmelzung der Elektrode und eine geringere Aufschmelzung des Grundwerkstoffes bedingt. Es muß jedoch beachtet werden, daß bei einer zu hohen Schweißgeschwindigkeit Risse auftreten. Die Abnahme des Abschmelzkoeffizienten der Schweiße durch einen zunehmenden Abstand der beiden Schweißköpfe ist praktisch unwesentlich.

7. Zusammenfassung

Die Temperaturmessungen beim Doppelkopf-Kohlendioxyd-Schutzgas-Schweißverfahren bei einer in Nahtnähe liegenden Zone zeigen, daß die Schweißbedingungen wesentliche Einflüsse auf die Abkühlungsverhältnisse haben. Die Versuche mit verschiedenen Elektrodendurchmessern (2×2,4 mm; 1×4,0 mm und 2×3,0 mm) am zweiten Kopf ergaben bei den gleichen eingeführten elektrischen Energien etwa die gleichen Abkühlungsverhältnisse. Die Abkühlungsgeschwindigkeit beim Schweißen mit Falzdrähten (2×3,2 mm ⌀) ist durch die Schlackenabdeckung langsamer als bei Blankdrahtelektroden.
Die kritische Grenze des Temperaturverlaufes, bei deren Überschreitung Warmrisse im Schweißgut auftreten, ist bei diesen Versuchen für die verwendeten Bleche ermittelt. Ein Vergleich der auftretenden Temperaturverläufe verschiedener Schweißnahtzonen bei verschiedenen Schweißbedingungen mit dem ZTU-Diagramm läßt den verschiedenartigen Gefügeaufbau im Schweißnahtbereich erkennen und erklären. Die mechanischen Gütewerte der Schweißnahtzone sind weitgehend von dem auftretenden Gefügeaufbau während des Schweißens abhängig. Zum Erreichen guter mechanischer und metallurgischer Eigenschaften der Schweißverbindung müssen die Bedingungen so eingestellt werden, daß sie während des Schweißens innerhalb der Grenze der entsprechenden Abkühlungsverhältnisse bleiben. Bei diesen Untersuchungen ist ermittelt, daß die Abkühlungsverhältnisse keine wesentlichen Einflüsse auf die Dehnbarkeit des Schweißnahtbereiches haben. Diese werden von der chemischen Zusammensetzung des Schweißgutes unter Berücksichtigung des Zu- und Abrandes beeinflußt.
Die Wirtschaftlichkeit des Verfahrens wird durch die Abschmelzleistung und durch den Abschmelzkoeffizienten des Zusatzwerkstoffes bzw. der Schweiße herausgestellt, die von den Schweißbedingungen abhängig sind. Mit zunehmender Lichtbogenspannung nimmt die Abschmelzleistung ab. Bei größer werdendem Schweißstrom und bei zunehmender Schweißgeschwindigkeit wird mehr Zusatzwerkstoff je Zeiteinheit niedergeschmolzen.
Eine gleiche Tendenz zeigt sich bei zunehmender Stromdichte unter der Voraussetzung, daß die Stromstärke konstant bleibt, der Drahtquerschnitt jedoch kleiner wird. Das Vorwärmen der Werkstücke sowie geringer werdender Abstand der beiden Schweißköpfe haben ebenfalls eine größere Abschmelzleistung zur Folge. Die Auswertung der ermittelten Ergebnisse für den Abschmelzkoeffizienten des Zusatzwerkstoffes sowie für den der Schweiße führt zu einem Kompromiß zwischen der Wirtschaftlichkeit und dem fertigungstechnischen Vorteil des Verfahrens. Wünschenswert sind bei gleichbleibender eingeführter Energiemenge ein großes Abschmelzen der Elektroden und ausreichendes Aufschmelzen des Grundwerkstoffes.

Eine vermutliche Verschlechterung der mechanischen Gütewerte der Schweißverbindung durch das Überhitzen während des Schweißens kann eingetreten sein, ist jedoch nicht erwiesen.
Die Untersuchungen sind an Proben ohne jede Wärmenachbehandlung der Schweißverbindung durchgeführt. Die sich bereits ergebenden ausreichenden Gütewerte erübrigen eine Wärmenachbehandlung bei den erstellten Versuchsschweißungen. Die mechanischen Gütewerte zeigen, daß die gleichen Schweißbedingungen, wie dies einzelne Versuchsschweißungen aufzeigen, an ähnlichen dicken Blechen (Blechdicke s = 40 mm) der Stahlqualitäten St. 34 bis St. 42 und an Kesselblechen I und II sowie HI und HII angewendet werden können.

Prof. Dr.-Ing. ALFRED H. HENNING †
Prof. Dr.-Ing. habil KARL KREKELER †
Dr.-Ing. SALIL KUMAR PAL
Dipl.-Ing. HANS VERHOEVEN

8. Literaturverzeichnis

[1] CHRISTEN, H., Stahl als Werkstoff. Verlag Huber & Co. AG, Frauenfeld 1952.

[2] CHRISTOPHER, G., und R. C. BECKER, Gas Metal-Arc Welding of Low-Carbon Steels. Welding Journal, Mai 1960, S. 478–487.

[3] CONN, W. M., Die technische Physik der Lichtbogenschweißung. Springer Verlag, Berlin 1959.

[4] CUSHMANN, E., Electrode for Spatter-Free Welding of Steel in Carbon Dioxide. Welding Journal, Jan. 1961, S. 14-s bis 21-s.

[5] EASON, A. B., Flow and Measurement of Air and Gases. Griffin, London 1930.

[6] ENGEL, A. VON, Ionized Gases. The Clarendon Press, Oxford 1955.

[7] ERDMANN-JESNITZER, F., Werkstoff und Schweißung. Akademie Verlag, Berlin 1951.

[8] ERNENPUTSCH, H., Fertigungsgerechte vollautomatische Auftragsschweißung nach dem Metall-Lichtbogen-Verfahren mit Kohlendioxyd als Schutzgas. Diss., TH Aachen 1960.

[9] FAULSTICH, R., Halbmaschinelles Schweißen unter CO_2 als Schutzgas im Behälter- und Apparatebau. Schweißen und Schneiden, Aug. 1959, S. 319–322.

[10] FAULSTICH, R., Werkstoffübergang und Tropfenform im Schweißlichtbogen. Schweißen und Schneiden, Mai 1961, S. 201–204.

[11] FIELD und FRANKLIN, Electron Impact Phenomena. Academic Press, New York 1957.

[12] GLÖCKNER, R. und H. WIRTZ, Untersuchungen über die Verschweißbarkeit verschiedener Blechqualitäten unter Kohlendioxyd. Schweißen und Schneiden, Nov. 1960, S. 482–484.

[13] GROSH, R. J., und E. A. TRABANT, Arc Welding Temperatures. Welding Journal, Aug. 1956, 396-s bis 400-s.

[14] HOUDREMONT, E., Sonderstahlkunde. Springer Verlag, Berlin 1956.

[15] IRVINE, K. J., und F. B. PICKERING, Relationship between Macrostructure and Mechanical Properties of Mild Steel Weld Deposits. British Welding Journal, Mai 1960, S. 353–364.

[16] JACKSON, C. E., The Science of Arc Welding. Welding Journal, April/Mai/Juni 1960, S. 129-s bis 140-s, 177-s bis 190-s und 225-s bis 230-s.

[17] KREKELER, K., und H. VERHOEVEN, Schutzgasschweißen mit Kohlensäure als Schutzgas. Industrie-Anzeiger 1957, S. 56–59.

[18] KRIEWETH, W., Das Elektrische Vertikal-CO_2-Schweißen mit zwangsweiser Schweißnahtbegrenzung. Diss., TH Aachen 1960.

[19] KUNZ, H. G., Brennschneiden mit Azetylen unter besonderer Berücksichtigung der Wirtschaftlichkeit. Das Industrieblatt, Mai 1960, S. 297–303.

[20] LUDWIG, H. C., Plasma-Energy Transfer in Gas-Shielded Welding Arcs. Welding Journal, Juli 1959, S. 296-s bis 300-s.

[21] MANTEL, W., Formen des Schweißlichtbogens und ihre Beziehungen zur Schweißung. Linde, Berichte aus Technik und Wissenschaft, Jan. 1957, S. 33–40.

[22] Nippes, E. F., The Weld Heat-Affected Zone. Welding Journal, Jan. 1959, S. 1-s bis 18-s.

[23] Norén, T., Werkstoffkunde für die Lichtbogenschweißung von Eisen und Stahl. Kjellberg Esab GmbH, Solingen 1955.

[24] Pal, S. K., und A. Meyer, Das Schweißen dicker Bleche mit automatischen Elektro-Schmelzschweißverfahren. Technische Mitteilungen, Aug. 1961, S. 290 bis 294.

[25] Pal, S. K., Automatisches Schmelzschweißen von Stumpfstößen dickwandiger Kesselbleche nach dem Kohlendioxyd-Schutzgas-Schweißverfahren mit abschmelzender Elektrode in Wannenlage.

[26] Paton, E. O., Automatische Lichtbogenschweißung. VEB Carl Marhold Verlag, Halle 1958.

[27] Rop, C. de, und H. Schmidt-Bach, Automatisches Lichtbogenschweißen unter Kohlensäure und Schlackenabdeckung. Schweißen und Schneiden, April 1957, S. 146–150.

[28] Rop, C. de, und H. Schmidt-Bach, Fortschritte beim Schweißen unter CO_2 mit Falzdraht. Schweißen und Schneiden, Aug. 1960, S. 345–349.

[29] Rykalin, N. N., Die Wärmegrundlagen des Schweißvorganges. Verlag Technik, Berlin 1952.

[30] Saha, M. N., und B. N. Srivastava, A Treatise on Heat. The Indian Press, Ltd. Allahabad & Calcutta 1950.

[31] Schrader, A., Ätzheft. Verlag von Gebr. Borntraeger, Berlin 1941.

[32] Tuthill, R. W., New Techniques in Inert-Gas-Shielded Metal-Arc-Welding. Welding Journal, Februar 1955, S. 137–141.

[33] Verhoeven, H., Schutzgasschweißen mit Kohlensäure als Schutzgas. Technische Mitteilungen 1957, S. 255–259.

[34] Willigen, P. C. van der, Das Lichtbogenschweißen von Stahl mit CO_2 als Schutzgas. Schweißen und Schneiden, Febr. 1957, S. 50–59.

[35] Wilson, J. L., G. E. Claussen und C. E. Jackson, The Effect of I^2R Heating on Electrode Melting Rate. Welding Journal, Jan. 1956, S. 1-s bis 8-s.

[36] Wu, T. M., Einfluß von Verunreinigungen in Kohlensäure beim Schutzgasschweißen. Schweißen und Schneiden, Aug. 1960, S. 350–354.

[37] Unveröffentlichte Arbeiten des Instituts für Schweißtechnische Fertigungsverfahren der TH Aachen.

FORSCHUNGSBERICHTE DES LANDES NORDRHEIN-WESTFALEN

Herausgegeben im Auftrage des Ministerpräsidenten Dr. Franz Meyers von Staatssekretär Prof. Dr. h. c. Dr.-Ing. E. h. Leo Brandt

FERTIGUNG

HEFT 11
Laboratorium für Werkzeugmaschinen und Betriebslehre der Rhein.-Westf. Technischen Hochschule Aachen
Untersuchungen über Metallbearbeitung im Fräsvorgang mit Hartmetallwerkzeugen und negativem Spanwinkel. S. 6–24
Weiterentwicklung des Schleifverfahrens für die Herstellung von Präzisionswerkstücken unter Vermeidung hoher Temperaturen. S. 25–47
Untersuchung von Oberflächenveredlungsverfahren zur Steigerung der Belastbarkeit hochbeanspruchter Bauteile. S. 48–68
1952. 71 Seiten, 61 Abb. DM 15,75

HEFT 47
Prof. Dr.-Ing. habil. Karl Krekeler, Aachen
Versuche über die Anwendung der induktiven Erwärmung zum Sintern von hochschmelzenden Metallen sowie zur Anlegierung und Vergütung von aufgespritzten Metallschichten mit dem Grundwerkstoff
1953. 56 Seiten, 39 Abb., 11 Tabellen. DM 13,90

HEFT 53
Prof. Dr.-Ing. Herwart Opitz, Aachen
Reibwert und Verschleißmessungen an Kunststoffgleitführungen für Werkzeugmaschinen
1954. 38 Seiten, 18 Abb. Vergriffen

HEFT 66
Dr.-Ing. Peter Füsgen VDI, Düsseldorf
Untersuchungen über das Auftreten des Ratterns bei selbsthemmenden Schneckengetrieben und seine Verhütung
1954. 22 Seiten, 5 Abb. DM 6,60

HEFT 86
Prof. Dr.-Ing. Herwart Opitz, Aachen
Untersuchungen über das Fräsen von Baustahl sowie über den Einfluß des Gefüges auf die Zerspanbarkeit
1954. 95 Seiten, 73 Abb., 7 Tabellen. DM 22,—

HEFT 99
Prof. Dr. G. Garbotz, Aachen
Der Kraft- und Arbeitsaufwand sowie die Leistungen beim Biegen von Bewehrungsstählen in Abhängigkeit von den Abmessungen, den Formen und der Güte der Stähle (Ermittlung von Leistungsrichtlinien)
1955. 122 Seiten, 53 Abb., 3 Anlagen, 18 Tabellen. DM 30,—

HEFT 101
Prof. Dr.-Ing. Herwart Opitz, Aachen
Wirtschaftlichkeitsbetrachtungen beim Außenrundschleifen
1954. 86 Seiten, 5 Abb., 3 Tabellen. DM 19,30

HEFT 112
Prof. Dr.-Ing. Herwart Opitz, Aachen
Verschleißmessungen beim Drehen mit aktivierten Hartmetallwerkzeugen
1954. 29 Seiten, 17 Abb., 6 Tabellen DM 8,80

HEFT 135
Prof. Dr.-Ing. habil. Karl Krekeler und Dr-Ing. Heinz Peukert, Institut für Kunststoffverarbeitung in Industrie und Handwerk an der Rhein.-Westf. Technischen Hochschule Aachen
Die Änderung der mechanischen Eigenschaften thermoplastischer Kunststoffe durch Warmrecken
1955. 37 Seiten, 27 Abb. DM 11,10

HEFT 207
Prof. Dr.-Ing. Herwart Opitz, Dipl.-Ing. K. H. Fröhlich und Dipl.-Ing. Henning Siebel, Aachen
Richtwerte für das Fräsen von unlegierten und legierten Baustählen mit Hartmetall. I. Teil
1956. 38 Seiten, 27 Abb., 3 Tabellen. DM 11,10

HEFT 215
Prof. Dr.-Ing. Herwart Opitz und Dr.-Ing. G. Weber, Aachen
Einfluß der Wärmebehandlung von Baustählen auf Spanentstehung, Schnittkraft- und Standzeitverhalten
1956. 70 Seiten, 30 Abb., 11 Tabellen. DM 18,40

HEFT 232
Prof. Dr.-Ing. Otto Kienzle, Hannover, und Dr.-Ing. Hermann Münnich, Schweinfurt
Feststellungen der Spannungen und Dehnungen und Bruchdrehzahlen der unter Fliehkraft und Bearbeitungskraft beanspruchten Schleifkörper
1957. 122 Seiten, 67 Abb., 12 Tabellen. DM 31,35

HEFT 245
Prof. Dr.-Ing. habil. Karl Krekeler, Institut für Kunststoffverarbeitung in Industrie und Handwerk an der Rhein.-Westf. Technischen Hochschule Aachen
Das Verbinden von Metallen durch Kunstharzkleber. Teil I: Eigenschaften und Verwendung der Metallklebstoffe
1956. 38 Seiten, 8 Abb. Vergriffen

HEFT 246
Prof. Dr.-Ing. habil. Karl Krekeler, Institut für Kunststoffverarbeitung in Industrie und Handwerk an der Rhein.-Westf. Technischen Hochschule Aachen
Das Verbinden von Metallen durch Kunstharzkleber. Teil II: Untersuchungen an geklebten Leichtmetall-Verbindungen
1957. 70 Seiten, 40 Abb. DM 17,50

HEFT 262
Dr.-Ing. Wilhelm Batel, Aachen
Untersuchungen zur Absiebung feuchter, feinkörniger Haufwerke und Schwingsieben
1956. 79 Seiten, 45 Abb., 22 Diagramme, 5 Tabellen. DM 23,40

HEFT 271
Prof. Dr.-Ing. Herwart Opitz und Dipl.-Ing. Heinrich Axer, Aachen
Beeinflussung des Verschleißverhaltens bei spanenden Werkzeugen durch flüssige und gasförmige Kühlmittel und elektrische Maßnahmen
1956. 34 Seiten, 28 Abb. DM 10,70

HEFT 284
Prof. Dr. phil. Franz Wever, Dr.-Ing. Hans-Joachim Wiester, Dr.-Ing. Friedrich-Werner Straßburg, Prof. Dr.-Ing. Herwart Opitz und Dr.-Ing. Karl-Heinrich Fröhlich, Max-Planck-Institut für Eisenforschung, Düsseldorf
Einfluß des Gefüges auf die Zerspanbarkeit von Einsatz und Vergütungsstählen
1957. 77 Seiten, 126 Abb., 11 Tabellen. DM 22,45

HEFT 287
Prof. Dr.-Ing. habil. Karl Krekeler, Institut für Kunststoffverarbeitung in Industrie und Handwerk an der Rhein.-Westf. Technischen Hochschule Aachen
Änderungen der mechanischen Eigenschaftswerte thermoplastischer Kunststoffe bei Beanspruchung in verschiedenen Medien
1956. 49 Seiten, 23 Abb., 5 Tabellen. DM 13,70

HEFT 288
Dr. phil. Kurt Brücker-Steinkuhl, Düsseldorf
Anwendung mathematisch-statischer Verfahren in der Industrie
1956. 103 Seiten, 28 Abb., 14 Tabellen. Vergriffen

HEFT 295
Prof. Dr.-Ing. Herwart Opitz und Dipl.-Ing. Heinrich Axer, Laboratorium für Werkzeugmaschinen und Betriebslehre der Rhein.-Westf. Technischen Hochschule Aachen
Untersuchung und Weiterentwicklung neuartiger elektrischer Bearbeitungsverfahren
1956. 31 Seiten, 27 Abb. DM 10,30

HEFT 296
Prof. Dr.-Ing. Herwart Opitz, Aachen
I. Untersuchungen an elektronischen Regelantrieben
II. Statische Untersuchungen zur Ausnutzung von Drehbänken
1956. 33 Seiten, 18 Abb. DM 10,40

HEFT 304
Prof. Dr.-Ing. habil. Karl Krekeler und Dipl.-Ing. August Kleine-Albers, Aachen
Beitrag zur thermoelastischen Warmformbarkeit von hartem Polyvinylchlorid (Hart-PVC)
1956. 63 Seiten, 29 Abb. DM 17,70

HEFT 320
Dipl.-Phys. Dr. rer. nat. Hans-Eberhard Caspary, Physikalisches Institut der Universität Köln
Verwendung von Szintillationszählern an Stelle von Zählrohren zur zerstörungsfreien Materialprüfung
1956. 30 Seiten, 13 Abb., 2 Tabellen. DM 10,10

HEFT 324
Prof. Dr.-Ing. Herwart Opitz, Priv.-Doz. Dr.-Ing. Ernst Saljé und Dipl.-Ing. Karl-Eugen Schwartz, Laboratorium für Werkzeugmaschinen und Betriebslehre der Rhein.-Westf. Technischen Hochschule Aachen
Richtwerte für das Außenrund-Längs- und Einstechschleifen
1956. 50 Seiten, 44 Abb., 2 Tabellen. DM 13,85

HEFT 327
Prof. Dr.-Ing. habil. Karl Krekeler und Dr.-Ing. Heinz Peukert, Institut für Kunststoffverarbeitung in Industrie und Handwerk an der Rhein.-Westf. Technischen Hochschule Aachen
Beitrag zur thermoelastischen Formbarkeit von Polyäthylen
1956. 44 Seiten, 49 Abb., 9 Tabellen. DM 12,80

HEFT 350
Prof. Dr.-Ing. habil. Karl Krekeler und Dr.-Ing. Heinz Peukert, Institut für Kunststoffverarbeitung in Industrie und Handwerk an der Rhein.-Westf. Technischen Hochschule Aachen
Das Spannungsverhalten der Kunststoffe bei der Verarbeitung
1958. 24 Seiten, 112 Abb. DM 20,—

HEFT 351
Prof. Dr.-Ing. Herwart Opitz, Dipl.-Ing. Heinrich Axer und Dipl.-Ing. Helmut Rhode, Aachen
Zerspanbarkeit hochwarmfester und nichtrostender Stähle. Teil I
1957. 85 Seiten, 73 Abb., 2 Tabellen. DM 21,80

HEFT 385
Prof. Dr.-Ing. Herwart Opitz, Dr.-Ing. Heinrich Axer und Dipl.-Ing. Heinrich Rohde, Aachen
Zerspanbarkeit hochwarmfester und nichtrostender Stähle. Teil II
1957. 73 Seiten, 54 Abb., 5 Tabellen. DM 19,30

HEFT 386
Prof. Dr.-Ing. Herwart Opitz und Dipl.-Ing. Oskar Hake, Aachen
Standzeituntersuchungen und Verschleißmessungen mit radioaktiven Isotopen
1958. 36 Seiten, 33 Abb., 3 Tabellen. DM 12,75

HEFT 395
Dipl.-Ing. Ludwig Hahn, Clausthal- Zellerfeld
Untersuchungen zur Frage des optimalen Bohrloch- und Patronendurchmessers
1957. 119 Seiten, 49 Abb., 19 Tabellen. DM 31,25

HEFT 405
Prof. Dr.-Ing. Herwart Opitz und Dipl.-Ing. Hermann Schuler, Aachen
Untersuchungen für einen Wirtschaftlichkeitsvergleich der Feinbearbeitungsverfahren
1958. 58 Seiten, 43 Abb. DM 17,90

HEFT 406
Werner Kirsch, Leverkusen
Entwicklungsarbeiten auf dem Gebiete des Korrosionsschutzes und der Abdichtung
1957. 76 Seiten, 28 Abb., 11 Tabellen. DM 19,—

HEFT 408
Prof. Dr. phil. Franz Wever, Dr.-Ing. Werner Lueg und Dr.-Ing. Hans Günter Müller, Max-Planck-Institut für Eisenforschung, Düsseldorf
Kraft und Arbeitsbedarf beim Warmscheren von Stahl in Abhängigkeit von Temperatur und Schnittgeschwindigkeit
1957. 33 Seiten, 15 Abb., 3 Tabellen. DM 11,35

HEFT 413
Prof. Dr.-Ing. Herwart Opitz, Dipl.-Ing. Henning Siebel und Dipl.-Ing. Reinhard Fleck, Aachen
Richtwerte für das Fräsen von unlegierten und legierten Baustählen mit Hartmetall, Teil II
1957. 44 Seiten, 35 Abb., 4 Tabellen. DM 14,40

HEFT 426
Prof. Dr.-Ing. Herwart Opitz und Dipl.-Ing. Walter Scholz, Aachen
Untersuchungen über den Räumvorgang
1957, 64 Seiten, 36 Abb., 7 Tabellen. DM 16,55

HEFT 447
Prof. Dr.-Ing. F. Bollenrath, Aachen, Dr.-Ing. H. Füllenbach, Seesen (Harz), und Dipl.-Ing. J. Schumacher, Neubeckum (Westf.)
Entwicklung rationell arbeitender Spritzkabinen
1958. 44 Seiten, 26 Abb. Vergriffen

HEFT 465
Dr.-Ing. Richard Koch, Forschungsinstitut für Rationalisierung an der Rhein.-Westf. Technischen Hochschule Aachen
Amerikanische Fertigungsunterlagen und ihre Werkstattreifmachung für deutsche Betriebe
1958. 54 Seiten, 19 Abb. DM 17,35

HEFT 474
Dr.-Ing. Rolf Ibing und Dipl.-Ing. Günther Meier, Institut für Mechanik der Technischen Hochschule Hannover
Leiter: Prof. Dr.-Ing. Otto Flachsbart
Entwicklung und Eichung von Staubentnahmesonden
1958. 20 Seiten, 9 Abb., 2 Tabellen. DM 8,65

HEFT 511
Dipl.-Ing. Hans Wahl, Dipl.-Ing. Georg Kantenwein und Dipl.-Ing. Wilfried Schäfer
Im Auftrage des Steinkohlenbergbauvereins, Essen
Gesteinsbohr-Modellversuche zur Frage des Drehbohrens, Schlagbohrens, Drehschlagbohrens und Rollenmeißelbohrens
1958. 254 Seiten, 167 Abb. DM 52,—

HEFT 520
Prof. Dr.-Ing. Herwart Opitz, Dipl.-Ing. Hans Obrig und Dipl.-Ing. Paul Kips, Laboratorium für Werkzeugmaschinen und Betriebslehre der Rhein.-Westf. Technischen Hochschule Aachen
Untersuchung neuartiger elektrischer Bearbeitungsverfahren
1958. 44 Seiten, 35 Abb., 2 Tabellen. DM 14,70

HEFT 521
Prof. Dr.-Ing. Herwart Opitz und Dipl.-Ing. Karl-Eugen Schwartz, Laboratorium für Werkzeugmaschinen und Betriebslehre der Rhein.-Westf. Technischen Hochschule Aachen
Das Abrichten von Schleifscheiben mit Diamanten
1958. 58 Seiten, 34 Abb., 3 Tabellen. DM 17,15

HEFT 570
Prof. Dr.-Ing. habil. Karl Krekeler, Dr.-Ing. Heinz Peukert und Dipl.-Ing. Otto Schwartz, Aachen
Kerbempfindlichkeit thermoplastischer Kunststoffe abhängig von der Kerbform und der Beanspruchungstemperatur
1958. 39 Seiten, 24 Abb., 10 Tabellen. DM 13,30

HEFT 603
Prof. Dr.-Ing. Ludolf Engel und Dr.-Ing. Jochen Foerster, Bergakademie Clausthal-Zellerfeld
Gummielastische Stoffe als Dämpfungselemente an schlagenden Werkzeugen
1958. 48 Seiten, 36 Abb. DM 14,70

HEFT 605
Ing. Leonhard Bommes, Mönchengladbach
Bestimmung von Leistung und Wirkungsgrad eines Ventilators
1958. 45 Seiten, 29 Abb., 3 Tabellen. DM 12,60

HEFT 638
Prof. Dr.-Ing. Herwart Opitz, Dr.-Ing. Hermann Schuler und Dipl.-Ing. Paul-Heinz Brammertz, Verein Deutscher Ingenieure, Fachgruppe Betriebstechnik, Düsseldorf
Die Werkstückgüte beim Feindrehen und Feinschleifen und ihr Einfluß auf die Fertigungskosten
1958. 46 Seiten, 29 Abb. DM 12,80

HEFT 643
Max-Planck-Institut für Silikatforschung, Würzburg
Anisotropiemessungen an Schleifkörpern
1958. 38 Seiten, 22 Abb. DM 11,70

HEFT 664
Dr. phil. habil. Paul Hölemann und Ing. Rolf Hasselmann, Forschungsstelle für Acetylen, Düsseldorf-Reisholz
Die Bestimmung der Gasausbeute von Karbid
1958. 21 Seiten, 3 Abb., 5 Tabellen. DM 6,70

HEFT 693
Prof. Dr.-Ing. Otto Kienzle, D.-Ing. Friedrich Wilhelm Timmerbeil und Dr.-Ing. Thomas Jordan, Hannover
Einige Untersuchungen über das Schneiden von Blechen
1959. 55 Seiten, 42 Abb., 3 Tabellen. DM 17,40

HEFT 707
Prof. Dr.-Ing. habil. Karl Krekeler und Dipl.-Ing. Hans Verhoeven, Institut für Schweißtechnische Fertigungsverfahren an der Rhein.-Westf. Technischen Hochschule Aachen
Untersuchungen über Bolzenscheißverfahren
1959. 32 Seiten, 32 Abb. DM 11,—

HEFT 708
Prof. Dr.-Ing. habil. Karl Krekeler, Dr.-Ing. Heinz Peukert und Dipl.-Ing. Josef Zähren, Institut für Kohlenstoffverarbeitung an der Rhein.-Westf. Technischen Hochschule Aachen
Die Schweißbarkeit weicher Kunststoff-Schaumstoffe
1959. 33 Seiten, 28 Abb., 3 Tabellen. DM 10,90

HEFT 745
Prof. Dr.-Ing. Wilhelm Batel, Mitteilung aus dem Institut Aachen der Forschungsgesellschaft Verfahrenstechnik
Über die Zerkleinerung zwischen Mahlhilfskörpern in Schwing- und Rohrmühlen und über die Kennzeichnung und Analyse des Mahlgutes
1959. 94 Seiten. DM 27,30

HEFT 747
Dr.-Ing. Gerhard Seulen und Ing. Herbert Geisel, Verein Deutscher Ingenieure, VDI-Fachgruppe Betriebstechnik (ADB) Düsseldorf
Ermittlung der Einhärtungstiefen beim Induktionshärten mit einer Frequenz von 10 kHz
1959. 25 Seiten, 19 Abb., 2 Tabellen. DM 7,90

HEFT 764
Prof. Dr.-Ing. Herwart Opitz, Dr.-Ing. Henning Siebel und Dipl.-Ing. Reinhard Fleck, Laboratorium für Werkzeugmaschinen und Betriebslehre der Rhein.-Westf. Technischen Hochschule Aachen
Keramische Schneidstoffe
1959. 30 Seiten, 18 Abb. DM 9,80

HEFT 770
Dr.-Ing. Reinhard Bressler, Leverkusen
Untersuchung des Wärmeüberganges in einem Dünnschichtverdampfer
1960. 50 Seiten, 37 Abb. DM 15,30

HEFT 771
Dr.-Ing. Bruno Hille, Institut für Baumaschinen und Baubetrieb der Rhein.-Westf. Technischen Hochschule Aachen
Leiter: Prof. Dr. Georg Garbotz
Die Veränderungen des Kornaufbaues während des Betriebsablaufes beim Aufbereiten von bituminösem Mischgut unter besonderer Berücksichtigung des Durchganges der Körnungen durch die Trockentrommel
1959. 87 Seiten, 52 Abb., 20 Tabellen im Anhang. DM 32,60

HEFT 775
Prof. Dr.-Ing. Herwart Opitz und Dr.-Ing. Janez Peklenik, Laboratorium für Werkzeugmaschinen und Betriebslehre der Rhein.-Westf. Technischen Hochschule Aachen
Über den Aufbau und das Verhalten meßgesteuerter Werkzeugmaschinen
1959. 37 Seiten, 27 Abb. DM 11,40

HEFT 777
Prof. Dr.-Ing. Herwart Opitz und Dipl.-Ing. Paul-Heinz Brammertz, Laboratorium für Werkzeugmaschinen und Betriebslehre der Rhein.-Westf. Technischen Hochschule Aachen
Werkstückgüte und Fertigkeitskosten beim Innen-Feindrehen und Außenrund-Einstechschleifen
1959. 91 Seiten, 68 Abb. DM 25,30

HEFT 788
Prof. Dr.-Ing. Herwart Opitz, Laboratorium für Werkzeugmaschinen und Betriebslehre der Rhein.-Westf. Technischen Hochschule Aachen
Der Einsatz radioaktiver Isotope bei Zerspanungsuntersuchungen
1959. 35 Seiten, 23 Abb. DM 11,30

HEFT 806
Prof. Dr.-Ing. Herwart Opitz und Dr.-Ing. Rolf Piekenbrink, Laboratorium für Werkzeugmaschinen und Betriebslehre der Rhein.-Westf. Technischen Hochschule Aachen
Untersuchungen an Zahnradbearbeitungsmaschinen
1960. 95 Seiten, 81 Abb. DM 29,30

HEFT 809
Prof. Dr.-Ing. Herwart Opitz und Dipl.-Ing. H. H. Herold, Laboratorium für Werkzeugmaschinen und Betriebslehre der Rhein.-Westf. Technischen Hochschule Aachen
Untersuchung von elektro-mechanischen Schaltelementen
1960. 35 Seiten, 16 Abb. DM 11,—

HEFT 810
Prof. Dr.-Ing. Herwart Opitz und Dr.-Ing. Norbert Maas, Laboratorium für Werkzeugmaschinen und Betriebslehre der Rhein.-Westf. Technischen Hochschule Aachen
Das dynamische Verhalten von Lastschaltgetrieben
1960. 97 Seiten, 77 Abb. DM 29,50

HEFT 812
Prof. Dr.-Ing. Otto Kienzle und Dipl.-Ing. Klaus Mietzner, Institut für Werkzeugmaschinen und Umformtechnik an der Technischen Hochschule Hannover
Mikrogeometrische Veränderungen der Oberfläche bei Kaltumformvorgängen
1960. 47 Seiten, 38 Abb. DM 16,60

HEFT 820
Prof. Dr.-Ing. Herwart Opitz, Dipl.-Ing. Helmut Rohde und Dipl.-Ing. Wilfried König, Laboratorium für Werkzeugmaschinen und Betriebslehre der Rhein.-Westf. Technischen Hochschule Aachen
Untersuchungen der Spanformung durch Spanbrecher beim Drehen mit Hartmetallwerkzeugen
1960. 46 Seiten, 41 Abb. DM 15,80

HEFT 830
Prof. Dr.-Ing. Herwart Opitz und Dipl.-Ing. Wolfgang Backé, Laboratorium für Werkzeugmaschinen und Betriebslehre der Rhein.-Westf. Technischen Hochschule Aachen
Automatisierung des Arbeitsablaufes in der spanabhebenden Fertigung. Untersuchung eines unstetigen Nachformsystems mit einem elektrohydraulischen Stellglied
1960. 43 Seiten. 39 Abb. DM 14,60

HEFT 831
Prof. Dr.-Ing. Herwart Opitz, Dr.-Ing. Hans-Günther Rohs und Dr.-Ing. Gottfried Stute, Laboratorium für Werkzeugmaschinen und Betriebslehre der Rhein.-Westf. Technischen Hochschule Aachen
Statistische Untersuchungen über die Ausnutzung von Werkzeugmaschinen in der Einzel- und Massenfertigung
1960. 38 Seiten, 32 Abb. DM 13,—

HEFT 848
Dr.-Ing. Hans-Jochen Stöter, Institut für Werkzeugmaschinen und Umformtechnik der Technischen Hochschule Hannover
Untersuchung des Schmiedevorganges in Hammer und Presse, insbesondere hinsichtlich des Steigens
1960. 133 Seiten, 62 Abb., 8 Tabellen. DM 35,60

HEFT 864
Prof. Dr.-Ing. Herwart Opitz und Dr.-Ing. Gottfried Stute, Laboratorium für Werkzeugmaschinen und Betriebslehre der Rhein.-Westf. Technischen Hochschule Aachen
Funkenarbeit und Bearbeitungsergebnis bei der funkenerosiven Bearbeitung
1960. 44 Seiten, 19 Abb. DM 13,60

HEFT 894
Baudirektor Dr.-Ing. Wolfram Lindner, Staatliche Ingenieurschule für Maschinenwesen, Hagen
Vorschlag zur Vereinheitlichung der Hauptabmessungen an handelsüblichen Zahnradgetrieben
1960. 102 Seiten, 26 Abb., 21 Getriebeblätter, 38 Tabellen. DM 31,30

HEFT 898
Prof. Dr.-Ing. Herwart Opitz und Dipl.-Ing. Herbert de Jong, Laboratorium für Werkzeugmaschinen an der Rhein.-Westf. Technischen Hochschule Aachen
Untersuchung von Zahnradgetrieben und Zahnradbearbeitungsmaschinen in Zusammenarbeit mit der Industrie
1960. 58 Seiten, 52 Abb. DM 19,20

HEFT 900
Prof. Dr.-Ing. Herwart Opitz und Dr.-Ing. Johannes Bielefeld, Laboratorium für Werkzeugmaschinen und Betriebslehre der Rhein.-Westf. Technischen Hochschule Aachen
Modellversuche an Werkzeugmaschinenelementen
1960. 73 Seiten, 55 Abb. DM 21,—

HEFT 901
Prof. Dr.-Ing. Herwart Opitz, Dr.-Ing. Johannes Bielefeld und Dipl.-Ing. Werner Kalkert, Laboratorium für Werkzeugmaschinen und Betriebslehre der Rhein.-Westf. Technischen Hochschule Aachen
Lebensdauerprüfung von Zahnradgetrieben
1960. 54 Seiten, 46 Abb. DM 17,30

HEFT 905
Prof. Dr.-Ing. Franz Kollmann, Institut für Holzforschung und Holztechnik der Universität München
Untersuchung der wichtigeren Gebrauchseigenschaften von kunstharzbeschichteten Holzfaser- und Holzspanplatten
1960. 102 Seiten, 38 Abb., 12 Tabellen. DM 30,40

HEFT 927
Civilingenjör Lennart Junghahn, Institut für Verfahrenstechnik der GVT der Rhein.-Westf. Technischen Hochschule Aachen
Untersuchungen über die Krustenbildung an metallischen Werkstoffen
1960. 91 Seiten, 44 Abb., 4 Tabellen. DM 27,25

HEFT 928
Prof. Dr.-Ing. Herwart Opitz, Dipl.-Ing. Helmut Rohde und Dipl.-Ing. Wilfried König, Laboratorium für Werkzeugmaschinen und Betriebslehre der Rhein.-Westf. Technischen Hochschule Aachen
Untersuchung des Räumvorganges
1961. 115 Seiten, 90 Abb. DM 36,10

HEFT 929
Prof. Dr.-Ing. Herwart Opitz, Dr.-Ing. Henning Siebel, Dipl.-Ing. Reinhard Fleck und Dipl.-Ing. Franz Altdorf, Laboratorium für Werkzeugmaschinen und Betriebslehre der Rhein.-Westf. Technischen Hochschule Aachen
Richtwerte für das Fräsen von unlegierten und legierten Baustählen mit Hartmetall. - Teil III
1961. 64 Seiten, 57 Abb., 7 Tabellen. DM 21,30

HEFT 930
Prof. Dr.-Ing. Herwart Opitz und Dipl.-Ing. Rolf Umbach, Laboratorium für Werkzeugmaschinen und Betriebslehre der Rhein.-Westf. Technischen Hochschule Aachen
Modellversuch zur dynamischen Versteifung von Werkzeugmaschinen durch Ankopplung gedämpfter Hilfsmassensysteme
1961. 37 Seiten, 30 Abb. DM 13,30

HEFT 934
Prof. Dr.-Ing. Alfred H. Henning, Dr.-Ing. Heinz Peukert und Friedrich Mittrop, Institut für Kunststoffverarbeitung der Rhein.-Westf. Technischen Hochschule Aachen
Auswertung der in- und ausländischen Literatur auf dem Gebiete des Metallklebens. Teil II
1961. 143 Seiten. DM 36,90

HEFT 935
Dr. phil. nat. Erhard Herre, Essen
Korrosionsschutzmaßnahmen in Warmwasseranlagen unter Anwendung von Impfphosphaten und des kathodischen Schutzverfahrens mit Magnesium-Anoden
1961. 110 Seiten, 72 Abb., 7 Tabellen. DM 33,80

HEFT 955
Prof. Dr.-Ing. Herwart Opitz und Dipl.-Ing. Hans Uhrmeister, Laboratorium für Werkzeugmaschinen und Betriebslehre der Rhein.-Westf. Technischen Hochschule Aachen
Die dynamischen Eigenschaften hydraulischer Vorschubmotoren für Werkzeugmaschinen
1961. 60 Seiten, 66 Abb. DM 20,—

HEFT 965
Prof. Dr.-Ing. Dr. h. c. Herwart Opitz und Dipl.-Ing. Helmut Frank, Laboratorium für Werkzeugmaschinen und Betriebslehre der Rhein.-Westf. Technischen Hochschule Aachen
Richtwerte für das Außenrundschleifen
1961. 78 Seiten, 49 Abb., 4 Tabellen. DM 23,20

HEFT 966
Prof. Dr.-Ing. Dr. E. h. Otto Kienzle und Dr.-Ing. Klaus Grüning, Verein Deutscher Ingenieure, Düsseldorf
Über die Beanspruchungsverhältnisse in Blockaufnehmern von Strangpressen
1961. 136 Seiten, 70 Abb., 7 Tafeln. DM 40,70

HEFT 994
Dipl.-Phys. Ernst Schmidt, Institut für Verfahrenstechnik der GVT der Rhein.-Westf. Technischen Hochschule Aachen
Über die Entwicklung eines adiabatischen Kalorimeters zur genauen Messung von spezifischen Wärmen körniger und pulverförmiger Stoffe
1961. 74 Seiten, 24 Abb., 4 Tabellen. DM 21,—

HEFT 1007
Prof. Dr.-Ing. Dr. h. c. Herwart Opitz und Dr.-Ing. Gottfried Stute, Laboratorium für Werkzeugmaschinen und Betriebslehre der Rhein.-Westf. Technischen Hochschule Aachen
Berechnung der Funkenarbeit aus den elektrischen Daten der Arbeitskreiselemente von Funkenerosionsmaschinen
1961. 43 Seiten, 9 Abb. DM 14,80

HEFT 1008
Prof. Dr.-Ing. Dr. h. c. Herwart Opitz und Dr.-Ing. Paul-Heinz Brammertz, Laboratorium für Werkzeugmaschinen und Betriebslehre der Rhein.-Westf. Technischen Hochschule Aachen
Untersuchung der Ursachen für Form- und Maßfehler bei der Feinbearbeitung
1961. 43 Seiten, 32 Abb. DM 15,20

HEFT 1010
Prof. Dr.-Ing. Dr. h. c. Herwart Opitz, Dr.-Ing. Paul Kips, Laboratorium für Werkzeugmaschinen und Betriebslehre der Rhein.-Westf. Technischen Hochschule Aachen
Grundlagen des elektroerosiven Schleifens bei der Werkzeugaufbereitung
1961, 68 Seiten, 40 Abb., 6 Tabellen. DM 21,70

HEFT 1011
Prof. Dr.-Ing. Dr. h. c. Herwart Opitz, Dr.-Ing. Günter Ostermann und Dipl.-Ing. Max Gappisch, Laboratorium für Werkzeugmaschinen und Betriebslehre der Rhein.-Westf. Technischen Hochschule Aachen
Untersuchung der Ursachen des Werkzeugverschleißes
1961. 63 Seiten, 37 Abb., 3 Tabellen. DM 23,90

HEFT 1059
Dipl.-Ing. Ewald Reiners, Institut Verfahrenstechnik der GVT der Rhein.-Westf. Technischen Hochschule Aachen
Der Mechanismus der Prallzerkleinerung beim geraden, zentralen Stoß und die Anwendung dieser Beanspruchungsart bei der Zerkleinerung, insbesondere bei der selektiven Zerkleinerung von spröden Stoffen
1962. 64 Seiten, 24 Abb., 1 Tabelle. DM 22,60

HEFT 1060
Dipl.-Ing. Robert Rautenbach, Institut Verfahrenstechnik der GVT der Rhein.-Westf. Technischen Hochschule Aachen
Das Fließverhalten von Kunststoff im Walzspalt, untersucht am Beispiel von Polyäthylen
1961. 46 Seiten, 25 Abb., 1 Tabelle. DM 17,—

HEFT 1070
Prof. Dr.-Ing. Dr. h. c. Herwart Opitz und Dipl.-Ing. Hans-Hermann Herold, Laboratorium für Werkzeugmaschinen und Betriebslehre der Rhein.-Westf. Technischen Hochschule Aachen
Elektromechanische Kopiersteuerungen
1962. 102 Seiten, 74 Abb. DM 33,90

HEFT 1150
Prof. Dr.-Ing. Dr. h. c. Herwart Opitz, Dr.-Ing. Paul-Heinz Brammertz und Dr.-Ing. Ernst H. Kohlhage, Laboratorium für Werkzeugmaschinen und Betriebslehre der Rhein.-Westf. Technischen Hochschule Aachen
Untersuchungen zum Leistungsvergleich der Feinbearbeitungsverfahren
1963. 60 Seiten, 47 Abb. DM 31,20

HEFT 1181
Prof. Dr.-Ing. Joseph Mathieu, Dipl.-Ing. Kurt Gollnow, Forschungsinstitut für Rationalisierung der Rhein.-Westf. Technischen Hochschule Aachen
Beitrag zur Rationalisierung handwerklicher Betriebe - Entwicklung einer Untersuchungsmethode, dargestellt am Beispiel des Schreinerhandwerks
1963. 118 Seiten, 19 Abb., zahlreiche Übersichten. DM 62,50

HEFT 1182
Prof. Dr.-Ing. Alfred Kuhlenkamp und Dipl.-Ing. Ernst Reuter, Institut für Feinwerktechnik und Regelungstechnik der Technischen Hochschule Braunschweig
Entwicklung eines Drehmomenten-Meßgerätes
1963. 40 Seiten, 27 Abb. DM 18,90

HEFT 1216
Prof. Dr.-Ing. Joseph Mathieu, Dr.-Ing. Johann Heinrich Jung und Dr. rer. nat. Konstantin Behnert, Forschungsinstitut für Rationalisierung der Rhein.-Westf. Technischen Hochschule Aachen
Ein Verfahren zur Planung der Maschinenbelegung in einer Fertigungsstufe
1963. 39 Seiten, 18 Abb. DM 19,50

HEFT 1265
Dipl.-Ing. Fulvio Fonzi,
Institut für Arbeitswissenschaft
der Rhein.-Westf. Technischen Hochschule Aachen
Direktor: Prof. Dr.-Ing. Joseph Mathieu
Beitrag zur Anwendung mathematischer Methoden für eine wirtschaftlichere Gestaltung der Fertigung
1964. 78 Seiten, 36 Abb. DM 48,50

HEFT 1312
Prof. Dr.-Ing. Dr. h. c. Herwart Opitz, und Dr.-Ing. Ernst Hermann Kohlhage, Laboratorium für Werkzeugmaschinen und Betriebslehre an der Rhein.-Westf. Technischen Hochschule Aachen
Zuordnung der Oberflächengüte zur ISA-Maßtoleranz
1964. 68 Seiten, 34 Abb., 8 Tabellen. DM 36,—

HEFT 1440
Prof. Dr.-Ing. Alfred H. Henning †, Dipl.-Ing. Gerhard Glasmacher und Dipl.-Ing. Josef Zöhren, Institut für Kunststoffverarbeitung in Industrie und Handwerk an der Rhein.-Westf. Technischen Hochschule Aachen
Untersuchung und Entwicklung von Prüfverfahren für Kunststoff-Schweißverbindungen
1964. 51 Seiten, 47 Abb. DM 24,50

HEFT 1505
Prof. Dr.-Ing. Alfred H. Henning †, Prof. Dr.-Ing. habil. Karl Krekeler und Dipl.-Ing. J. Eilers, Institut für Kunststoffverarbeitung in Industrie und Handwerk an der Rhein.-Westf. Technischen Hochschule Aachen
Zusammenstellung verschiedener Verbindungsmöglichkeiten für Kunststoffrohre und Festigkeitsuntersuchungen an PVC- und PE-Rohren und deren Verbindungen
1965. 103 Seiten, 97 Abb., 18 Tabellen. DM 58,—

HEFT 1506
Prof. Dr.-Ing. Alfred H. Henning †, Prof. Dr.-Ing. habil. Karl Krekeler und Dipl.-Ing. Arne Rothenpieler, Institut für Kunststoffverarbeitung in Industris und Handwerk an der Rhein.-Westf. Technischen Hochschule Aachen
Untersuchungen über die Änderung der Festigkeitseigenschaften von Polyäthylen durch Warmrecken
1965. 36 Seiten, 31 Abb. DM 20,50

HEFT 1507
Prof. Dr.-Ing. Alfred H. Henning †, Prof. Dr.-Ing. habil. Karl Krekeler und Dipl.-Ing. Peter Klenk, Institut für Kunststoffverarbeitung in Industrie und Handwerk an der Rhein.-Westf. Technischen Hochschule Aachen
Qualitätsuntersuchungen an Kunststoffrohren
1965. 52 Seiten, 35 Abb., 7 Tabellen. DM 28,—

HEFT 1508
Prof. Dr.-Ing. Alfred H. Henning †, Prof. Dr.-Ing. habil. Karl Krekeler, Dipl.-Ing. Arne Rothenpieler und Dipl.-Ing. Rainer Taprogge, Institut für Kunststoffverarbeitung in Industrie und Handwerk an der Rhein.-Westf. Technischen Hochschule Aachen
Einfluß des Umformgrades auf die Kaltsprödigkeit thermoplastischer Kunststoffe
1965. 31 Seiten, 22 Abb. DM 18,50

HEFT 1509
Dr.-Ing. Karl-Heinz Kaps, Forschungsinstitut für Rationalisierung an der Rhein.-Westf. Technischen Hochschule Aachen
Direktor: Prof. Dr.-Ing. Joseph Mathieu
Die Bedeutung der Lagerhaltung für die Produktionsplanung in Industriebetrieben
1965. 96 Seiten, 17 Abb., 5 Tabellen, 4 Diagramme. DM 58,—

HEFT 1525
Prof. Dr.-Ing. Alfred H. Henning †, Prof. Dr.-Ing. habil. Karl Krekeler und Dipl.-Ing. Hans Wilhelm Rotthaus, Institut für schweißtechnische Fertigungsverfahren der Rhein.-Westf. Technischen Hochschule Aachen
Untersuchung möglicher Zwangslagenschweißung mit dem Kohlensäure-Schweißverfahren
1965. 49 Seiten, 32 Abb., 8 Tabellen. DM 25,80

HEFT 1526
Prof. Dr.-Ing. Alfred H. Henning †, Prof. Dr.-Ing. habil. Karl Krekeler † und Dipl.-Ing. Alfried Meyer, Institut für schweißtechnische Fertigungsverfahren der Rhein.-Westf. Technischen Hochschule Aachen
Untersuchungen zum Buckelschweißen von Stahlblechen unter Verwendung verschiedener Buckeltypen

HEFT 1527
Prof. Dr.-Ing. Alfred H. Henning †, Prof. Dr.-Ing. habil. Karl Krekeler † und Dr.-Ing. Horst Ernenputsch, Institut für schweißtechnische Fertigungsverfahren der Rhein.-Westf. Technischen Hochschule Aachen
Automatische Auftragsschweißung nach dem Metall-Lichtbogen-Verfahren unter Kohlendioxyd als Schutzgas

HEFT 1528
Prof. Dr.-Ing. Alfred H. Henning †, Prof. Dr.-Ing. habil. Karl Krekeler †, Dr.-Ing. Salil Kumar Pal und Dipl.-Ing. Hans Verhoeven, Institut für schweißtechnische Fertigungsverfahren der Rhein.-Westf. Technischen Hochschule Aachen
Doppelkopfschweißen und Doppeldrahtschweißen nach dem Metall-Lichtbogen-Verfahren unter Verwendung von Kohlendioxyd als Schutzgas

HEFT 1529
Prof. Dr.-Ing. Alfred H. Henning †, Prof. Dr.-Ing. habil. Karl Krekeler † und Dipl.-Ing. Friedhelm Walter, Institut für schweißtechnische Fertigungsverfahren der Rhein.-Westf. Technischen Hochschule Aachen
Schutzgasschweißen mit abschmelzender Elektrode unter Verwendung verschiedener Gasgemische
1965. 62 Seiten, 41 Abb., 3 Tabellen, 23 Diagramme. DM 36,50

HEFT 1532
Prof. Dr.-Ing. Dr. h. c. Herwart Opitz, Dr.-Ing. Helmut Frank, Dipl.-Ing. Wilhelm Ernst und Dipl.-Ing. Otto Daude, Laboratorium für Werkzeugmaschinen und Betriebslehre der Rhein.-Westf. Technischen Hochschule Aachen
Untersuchungen über den Einfluß des Schleifscheibenaufbaues und der Zerspanungsbedingungen auf die Ausbildung der Schneidfläche der Schleifscheibe im Hinblick auf das Arbeitsergebnis
1965. 77 Seiten, 49 Abb., 2 Tabellen. DM 47,—

HEFT 1535
Prof. Dr.-Ing. habil. Karl Krekeler † und Dipl.-Ing. Rainer Taprogge, Institut für Kunststoffverarbeitung in Industrie und Handwerk an der Rhein.-Westf. Technischen Hochschule Aachen
Untersuchungen zur Bestimmung des Zeitstandverhaltens thermoplastischer Kunststoffe bei Zug- und Biegebeanspruchung
1965. 82 Seiten, 109 Abb. DM 49,80

HEFT 1572
Prof. Dr.-Ing. Dr. h. c. Herwart Opitz und Dr.-Ing. E. Schaller, Laboratorium für Werkzeugmaschinen und Betriebslehre der Rhein.-Westf. Technischen Hochschule Aachen
Untersuchung der Ursachen des Werkzeugverschleißes
1966. 89 Seiten, 39 Abb., 5 Tabellen. DM 52,80

HEFT 1602
Prof. Dr.-Ing. Alfred H. Henning †, Prof. Dr.-Ing. habil. Karl Krekeler †, Dr.-Ing. Wolfgang Krieweth und Dipl.-Ing. Hans Verhoeven, Institut für Schweißtechnische Fertigungsverfahren der Rhein.-Westf. Technischen Hochschule Aachen
Das elektrische Vertikal – CO_2 – Schweißen mit zwangsweiser Schweißnahtbegrenzung
In Vorbereitung

HEFT 1603
Prof. Dr.-Ing. Alfred H. Henning †, Prof. Dr.-Ing. habil. Karl Krekeler † und Dipl.-Ing. Hans Verhoeven Institut für Schweißtechnische Fertigungsverfahren der Rhein.-Westf. Technischen Hochschule Aachen
Widerstandsschweißversuche an kaltfestigem Stahl
In Vorbereitung

Verzeichnisse der Forschungsberichte aus folgenden Gebieten können beim Verlag angefordert werden:

Acetylen/Schweißtechnik – Arbeitswissenschaft – Bau/Steine/Erden – Bergbau – Biologie – Chemie – Eisenverarbeitende Industrie – Elektrotechnik/Optik – Energiewirtschaft – Fahrzeugbau/Gasmotoren – Druck/Farbe/Papier/Photographie – Fertigung – Funktechnik/Astronomie – Gaswirtschaft – Holzbearbeitung – Hüttenwesen/Werkstoffkunde – Kunststoffe – Luftfahrt/Flugwissenschaften – Luftreinhaltung – Maschinenbau – Mathematik – Medizin/Pharmakologie/NE-Metalle – Physik – Rationalisierung – Schall/Ultraschall – Schiffahrt – Textilforschung – Turbinen – Verkehr – Wirtschaftswissenschaften.

WESTDEUTSCHER VERLAG · KÖLN UND OPLADEN
567 Opladen/Rhld., Ophovener Straße 1-3

GPSR Compliance

The European Union's (EU) General Product Safety Regulation (GPSR) is a set of rules that requires consumer products to be safe and our obligations to ensure this.

If you have any concerns about our products, you can contact us on ProductSafety@springernature.com

In case Publisher is established outside the EU, the EU authorized representative is:

Springer Nature Customer Service Center GmbH
Europaplatz 3
69115 Heidelberg, Germany

Batch number: 10584556

Printed by Printforce, the Netherlands